普通高校"十三五"规划教材

机 械 概 论

（第 2 版）

余以道　刘　平　潘钧颂　肖思文　主　编
　　　　　胡忠举　郭迎福　主　审

北京航空航天大学出版社

内 容 简 介

本书的主要内容包括金属材料及热处理基础、机械传动基础、液压传动基础、机械制造基础、金属切削加工工艺规程及经济分析基础共五篇内容。书中介绍了金属材料的主要性能特点和热处理基础知识及常用方法；常用机构、常用机械传动装置、轮系和轴系零部件；液压传动的原理与特点，液压泵、液压电动机和液压缸，液压控制阀、液压辅件和液压基本回路；金属热加工和金属切削加工的各种加工方法；金属切削加工工艺基础、工艺规程及其经济分析。

全书内容精炼，编写时注意简化基本理论的叙述，注重联系生产实际，内容尽量采用3D视图表述，每章后面附有练习题。

本书可作为高等院校本科、高职高专的经济类、管理类、电气工程、自动化、数控技术、计算机应用等非机械类专业学生的教材，也可作为有关专业技术人员的自学教材和参考书。

图书在版编目(CIP)数据

机械概论 / 余以道等主编. —— 2版. —— 北京：北京航空航天大学出版社，2016.3
ISBN 978 - 7 - 5124 - 2065 - 6

Ⅰ.①机… Ⅱ.①余… Ⅲ.①机械学－高等学校－教材 Ⅳ.①TH11

中国版本图书馆 CIP 数据核字(2016)第 042790 号

版权所有，侵权必究。

机械概论(第 2 版)

余以道 刘 平 潘钧颂 肖思文 主 编
胡忠举 郭迎福 主 审
责任编辑 金友泉 蔡 喆

*

北京航空航天大学出版社出版发行

北京市海淀区学院路 37 号(邮编 100191) http://www.buaapress.com.cn
发行部电话：(010)82317024 传真：(010)82328026
读者信箱：goodtextbook@126.com 邮购电话：(010)82316936
北京时代华都印刷有限公司印装 各地书店经销

*

开本：787×1 092 1/16 印张：12.75 字数：326 千字
2016 年 3 月第 2 版 2016 年 3 月第 1 次印刷 印数：3 000 册
ISBN 978 - 7 - 5124 - 2065 - 6 定价：28.00 元

若本书有倒页、脱页、缺页等印装质量问题，请与本社发行部联系调换。联系电话：010 - 82317024

第 2 版前言

机械学科是人类文明发展史上最古老的学科之一,随着科学技术的发展,今天的机械学科已经融入到了国民经济的各个领域。

本书是为高等院校非机械类专业编写的工业技术基础教材,注重基本概念、基本理论、基本方法、基本结构和用途的介绍,课内学时为40个左右。使近机械类及非机械类专业学生做到专博结合、一专多能,尽快掌握有关机械基础知识。

本书共5篇14章,主要内容包括金属材料及热处理基础、机械传动基础、液压传动基础、机械制造基础、金属切削加工工艺规程及经济分析基础。书中介绍了金属材料的主要性能特点,热处理基础知识及常用方法;常用机构,常用机械传动装置,轮系和轴系零部件;液压传动的原理与特点,液压泵、液压电动机和液压缸,液压控制阀,液压辅件,液压基本回路;金属热加工和金属切削加工的各种加工方法;金属切削加工工艺基础,工艺规程及其经济分析。

在教材编写过程中,根据非机械类专业的特点,力求简化理论,突出重点,强调理论与工程实践的结合、技术与经济管理的结合。内容阐述深入浅出,通俗易懂,书中插图采用3D视图,便于学生自学理解,着力体现本教材综合性、实践性和可读性的特征。

本书在修订时,改正了第1版中的个别错误,修正了个别插图,并增补了一些内容。本书改版后仍可作为高等院校本科、高职高专的经济类、管理类、电气工程、自动化、数控技术、计算机应用等非机械类专业学生的教材,也可作为有关专业技术人员的自学教材和参考书。

参加本教材编写工作的有湖南科技大学余以道(第4、5、6章),湖南科技大学刘平(第10、11章),湖南科技大学潘钧颂(第7、8、9章),湖南科技大学肖思文(第1、2、3、12、13、14章),全书由余以道统稿。本书由湖南科技大学胡忠举、郭迎福主审。

本书在编写过程中,参阅和引用了部分院校的教材、有关机械手册和资料的部分内容,谨向相关作者和出版社表示诚挚的谢意。

限于编者水平,书中定有不妥之处,敬请广大读者和有关专家学者不吝批评指正,并请将宝贵意见反馈作者。

编 者
2015 年 12 月

目 录

第一篇 金属材料及热处理基础

第1章 金属材料的基本知识 ... 1
1.1 金属材料的主要性能 ... 1
1.2 铁碳合金的结构 ... 6
1.3 钢的热处理方法 ... 9
练习思考题 ... 13

第2章 黑色金属材料 ... 14
2.1 碳素钢 ... 14
2.2 合金钢 ... 15
2.3 铸铁 ... 17
练习思考题 ... 18

第3章 非铁金属 ... 19
3.1 铝及铝合金 ... 19
3.2 铜及铜合金 ... 19
3.3 硬质合金 ... 20
3.4 滑动轴承合金 ... 21
练习思考题 ... 21

第二篇 机械传动基础

第4章 常用机构 ... 22
4.1 基本概念 ... 22
4.2 平面连杆机构 ... 25
4.3 凸轮机构 ... 30
4.4 螺旋机构 ... 33
4.5 间歇运动结构 ... 35
练习思考题 ... 37

第5章 常用机械传动装置 ... 38
5.1 带传动 ... 38
5.2 链传动 ... 41
5.3 齿轮传动 ... 41
5.4 蜗杆传动 ... 51
练习思考题 ... 52

第6章 轴、轴承、联轴器与离合器 ... 53
6.1 轴 ... 53
6.2 轴　承 ... 55
6.3 联轴器与离合器 ... 58
练习思考题 ... 61

第三篇　液压传动基础

第7章 液压传动基本知识 ... 62
7.1 液压传动的工作原理和组成 ... 62
7.2 液压传动的特点 ... 64
7.3 液压传动的两个基本参数——压力、流量 ... 64
7.4 液压传动用油的选择和使用 ... 67
练习思考题 ... 68

第8章 液压元件 ... 69
8.1 动力元件 ... 69
8.2 执行元件 ... 74
8.3 控制元件 ... 77
8.4 辅助元件 ... 91
练习思考题 ... 97

第9章 液压基本回路 ... 99
9.1 速度控制回路 ... 99
9.2 压力控制回路 ... 104
9.3 多缸配合动作回路 ... 109
练习思考题 ... 113

第四篇　机械制造基础

第10章 金属的成型基础 ... 116
10.1 铸造成型 ... 116
10.2 锻压成型 ... 122
10.3 焊接成型 ... 129
练习思考题 ... 134

第11章 金属切削加工 ... 135
11.1 切削加工基础 ... 135
11.2 车削加工 ... 141
11.3 铣削加工 ... 144
11.4 刨削加工 ... 146
11.5 钻削加工 ... 148
11.6 磨削加工 ... 151
习题思考题 ... 153

第五篇 金属切削加工工艺规程及经济分析基础

第12章 概 述 ·············· 154
12.1 工艺过程的概念及组成 ·············· 154
12.2 生产类型对工艺过程的影响 ·············· 159
练习思考题 ·············· 161

第13章 金属切削加工工艺过程 ·············· 162
13.1 加工工艺规程及其作用 ·············· 162
13.2 加工工艺规程的制定 ·············· 163
13.3 工艺文件 ·············· 177
13.4 典型零件的工艺过程 ·············· 180
练习思考题 ·············· 186

第14章 工艺规程的经济分析 ·············· 187
14.1 机械加工的经济性 ·············· 187
14.2 机械加工的技术经济指标 ·············· 187
14.3 工艺方案的技术经济分析 ·············· 189
练习思考题 ·············· 194

参考文献

第一篇　金属材料及热处理基础

金属材料由纯金属和合金两部分组成。它是现代工业、农业、国防及科学技术的重要物质基础。生产中各类机器设备、仪器仪表的制造都需要使用大量的金属材料。

本篇将研究金属材料及合金的性能与用途；金属及合金的结构、组织与性能三者之间的关系；改变金属与合金组织及工艺性能的方法等。

第 1 章　金属材料的基本知识

1.1　金属材料的主要性能

由纯金属元素组成，或以金属元素为主而组成的具有金属特性的物质统称为金属材料。由两种或两种以上金属元素，或金属元素和非金属元素组成的具有金属特性的物质称为合金。比如纯铜是由铜元素组成的金属材料；钢是由铁(Fe)和碳(C)两种元素组成的合金；黄铜是由铜(Cu)和锌(Zn)两种元素组成的合金。因为合金的力学性能和工艺性能比纯金属好，成本比纯金属低，所以，工业上使用的金属材料主要为合金，极少用纯金属。

金属材料的性能包括力学性能、物理性能、化学性能和工艺性能等，它是机械产品选材及机械零件加工工艺方案拟定的依据。金属材料性能的好坏，直接影响着金属零件及其制品的质量、使用寿命和加工成本。当金属材料作为结构材料使用时，主要以其力学性能指标作为选材依据。

1.1.1　金属及合金的力学性能

在外加载荷(外力)作用下，金属材料所表现出来的抵抗变形和破坏的能力称为金属(合金)的力学性能。由于外加载荷(含静载荷、动载荷和交变载荷)的作用形式不同，金属材料抵抗外力的能力也不同。金属材料常用的力学性能有强度、塑性、硬度、冲击韧度及疲劳强度等。

1. 强　度

金属材料在外加载荷作用下，抵抗永久变形和破坏的能力称为强度。金属材料的强度越高，抵抗外力变形和破坏的能力越大。由于载荷作用方式的不同，强度可分为抗拉强度、抗压强度、抗弯强度、抗扭强度和抗剪强度。工程上常用的强度指标为屈服强度和抗拉强度。各种材料之间强度的比较一般用应力来表示，应力是单位面积材料承受的内力，单位为 Pa，实际中常用 MPa(兆帕)表示，$1\text{ MPa} = 10^6\text{ Pa}$ 或 $1\text{ MPa} = 1\text{ N/mm}^2$，$1\text{ Pa} = 1\text{ N/m}^2$。

(1) 屈服强度

材料承受载荷到一定数值后不再增加载荷，而塑性变形仍然继续发生的现象称为屈服，材料产生屈服时的最小应力称为屈服强度 σ_s(MPa)。

$$\sigma_s = \frac{F_s}{A_0} \quad (1-1)$$

式中：F_s 为屈服时承受的载荷(N)；A_0 为试样原始横截面积(mm^2)。

对于高碳钢、铸铁等脆性材料，经受载后一般无明显屈服现象，这时屈服点的测量很困难。工程上常用残余伸长为 0.2% 原长时的应力 $\sigma_{0.2}$ 值作为屈服强度指标，该指标称为规定残余伸长应力，即

$$\sigma_{0.2} = \frac{F_{0.2}}{A_0} \quad (1-2)$$

(2) 抗拉强度

试样在被拉断前所能承受的最大应力值称为抗拉强度 σ_b(MPa)，即

$$\sigma_b = \frac{F_b}{A_0} \quad (1-3)$$

式中：F_b 为试样拉断前承受的最大载荷(N)；A_0 为试样原始横截面积(mm^2)。

一般情况下，机械零件都是在弹性状态下工作的，不允许发生微小的塑性变形，所以要求材料必须在低于 σ_s 的载荷条件下工作，以免引起零件的塑性变形。当然，材料也不能在超过 σ_b 的载荷条件下工作，否则容易使机械零件破坏。

(3) 拉伸曲线

把标准试样装夹在万能试验机上，缓慢加载拉伸，使试样在外加载荷作用下，不断伸长直至拉断，此过程载荷 F 与试样伸长量 ΔL 之间形成的曲线称为拉伸曲线。拉伸曲线一般由试验机自动绘出，金属材料的强度指标可通过拉伸试验测定。

图 1-1 为低碳钢(退火状态)的拉伸曲线，图中纵坐标代表载荷 F(N)；横坐标代表绝对伸长量 ΔL(mm)。从图 1-1 中可以看出，$F=0$ 时，$\Delta L=0$；缓慢加载使载荷从 $0 \rightarrow F_e$ 时，ΔL 成比例增加，此阶段为弹性变形阶段，若在该阶段卸除载荷，试样能恢复原样。当载荷从 $F_e \rightarrow F_s$ 时，ΔL 不再成比例伸长，该阶段为塑性变形(永久变形)阶段，若此时卸除载荷，试样不能完全恢复原样。当载荷从 $F_s \rightarrow F_d$ 时，曲线接近水平，此阶段表示即使不再增加载荷，试样继续伸长，该阶段为屈

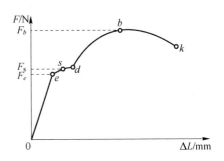

图 1-1 低碳钢(退火状态)拉伸曲线图

服阶段。当载荷增至最大值 F_b 时，试样伸长量 ΔL 剧增，截面积迅速变小形成"缩颈"，使得缩颈处单位面积承受的载荷大为增加，最后至 k 点断裂，所以 bk 段为缩颈阶段。

2. 塑 性

金属材料在载荷作用下产生塑性变形而不会断裂的能力称为塑性。常用的塑性指标有断后伸长率和断面收缩率，这两项指标一般通过拉伸实验测定。

(1) 断后伸长率 δ

试样被拉断后，总伸长量与原始长度比值的百分比称为断后伸长率或延伸率，用符号 δ 表示，即

$$\delta = \frac{L_1 - L_0}{L_0} \times 100\% \quad (1-4)$$

式中：L_0 指试样原始长度(mm)；L_1 指试样拉断后长度(mm)。

试样尺寸不同,δ值的大小也不同。实验测定时,一般采用计算长度等于其直径5倍或10倍的标准化试样,断后伸长率代号分别用δ_5或δ_{10}表示。

(2) 断面收缩率 ψ

试样被拉断时,缩颈处横截面积最大缩减量与原始横截面积比值的百分比称为断面收缩率,用符号 ψ 表示,即

$$\psi = \frac{A_0 - A_1}{A_0} \times 100\% \tag{1-5}$$

式中:A_0 指试样原始横截面积(mm^2);A_1 指试样断口处横截面积(mm^2)。

一般情况下,δ 值或 ψ 值越大,金属材料的塑性越好,零件越能承受大的负荷而不至于突然断裂。比如低碳钢塑性好,能承受大的负荷,常用于冷冲压、冷拔和锻打等压力加工;而高碳钢、铸铁、陶瓷等塑性差,受力时容易突然断裂,一般不进行压力加工。

3. 硬 度

材料抵抗局部变形、压痕或划痕的能力称为硬度。硬度是衡量材料软硬程度的力学性能指标,硬度越高,耐磨性越好。常用的硬度指标有布氏硬度、洛氏硬度和维氏硬度。

(1) 布氏硬度 HB

测试原理如图 1-2 所示,采用直径为 ΦD 的淬火钢球或硬质合金球作为压头,在布氏硬度计上压头规定的载荷 F 的作用下,压入被测金属表面,保持一定时间后卸除载荷,计算压痕单位表面积上所承受的平均压力,该值为布氏硬度值,即

$$HB = \frac{F}{A_{压}} \tag{1-6}$$

式中:F 指试验力(N);$A_{压}$ 指压痕表面积(mm^2)。

当压头为淬火钢球时,测定的布氏硬度值用 HBS 表示;当压头为硬质合金球时,测定的布氏硬度值用 HBW 表示。

实际工作中,布氏硬度值一般并不需要计算,只要用放大镜测出压痕直径 Φd 的大小,查表得出 HB 值即可。比如测量钢铁(厚度>6 mm)材料硬度时,通常采用直径 $\Phi 10$ mm 的淬火钢球施加 3×10^4 N 的载荷,再用放大镜测出压痕直径 Φd,查表得出 HB 值。由于布氏硬度试验留下的压痕较大,能反映较大范围内金属各组成部分的平均性能,试验结果较准确。在测定低碳钢、灰铸铁、有色金属及未经淬火的中碳结构钢等材料的硬度时,一般采用布氏硬度;但对材料硬度高(HB>450)、表面要求高或薄壁类零件硬度的测定,不宜布氏硬度。

(2) 洛氏硬度 HR

洛氏硬度通过测量压痕深度大小来衡量材料硬度高低,压痕越深,硬度越低。测试原理如图 1-3 所示,用锥顶角为 120° 的金刚石圆锥体或 $\Phi 1.588$ mm(1/16 in) 的淬火钢球作为压头压入金属表面。为保证测量精度,先要轻施初载荷使压头与试样表面接触良好,再施加主载荷保持一定时间后卸除,由压痕深度 h 值的大小确定材料的洛氏硬度值。

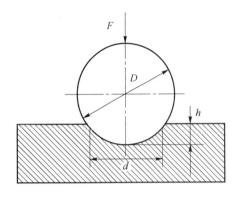
图1-2 布氏硬度试验法

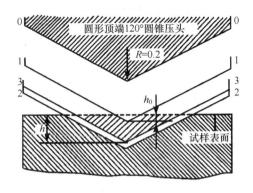
图1-3 洛氏硬度试验法

洛氏硬度值不用计算,从表盘上直接读出即可。为适应不同材料的不同硬度,洛氏硬度试验机上用 A、B、C 三种标尺分别代表三种载荷值,测得的硬度为 HRA、HRB 和 HRC。A、B、C 三种标尺压头的类型、载荷及应用范围如表1-1 所列。

表1-1 洛氏硬度试验条件及应用范围

符 号		压头类型	载荷 F/N		应 用
标尺	硬度值		初	总	
A	HRA	120°金刚石圆锥体	100	600	硬质合金、表面淬火、渗碳钢
B	HRB	Φ1.588 mm 钢球	100	1 000	非金属、退火及正火钢、铜合金
C	HRC	120°金刚石圆锥体	100	1 500	淬火钢、调质钢及硬度高的工件

4. 冲击韧度

金属材料抵抗冲击载荷作用而不被破坏的能力称为冲击韧度。机器上的某些零件(如飞机起落架、冷冲模上的冲头、汽车启动和刹车装置等)在工作时经常要承受短时冲击载荷。对这类需要承受冲击载荷的零件和结构,除了要有高的强度和一定的塑性外,还要有足够的冲击韧度。冲击韧度的测定原理如图1-4 所示,选取带 V 型或 U 型缺口的标准试样一件,放在冲击试验机支座上,由置于一定高度的重锤自由落下并一次冲断试样,冲击韧度值 a_k(J/cm^2)等于试样缺口处单位截面积上所消耗的冲击功,即

$$a_k = \frac{W_k}{A} \tag{1-7}$$

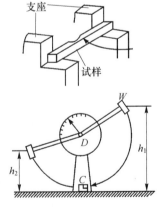
图1-4 冲击韧度的测定示意图

式中:W_k 为冲击功(J);A 为试样断口处的横截面积(cm^2)。a_k 值越大,材料的韧性越好,受冲击时越不容易断裂。常用的冲击试验机能直接从刻度盘上读出冲击功,不需要计算。

5. 疲劳强度

机器中的许多零件(比如齿轮、连杆、轴、弹簧等)在工作时经常要承受交变载荷的循环作用。这种交变载荷虽然小于材料的强度极限,但经多次循环后,容易在没有明显塑性变形的情况下突然断裂。金属在交变载荷的循环作用下产生疲劳裂纹并使其扩展而导致的断裂称为疲

劳破坏或疲劳断裂。疲劳破坏是在没有预兆的情况下突然发生的,大部分工作中被损坏的机械零件都属于疲劳破坏。疲劳破坏经常发生且极具危险性,常造成严重事故。

材料在指定的循环基数下不产生断裂时,所能承受的最大应力称为疲劳强度(σ_{-1})。疲劳强度的大小与应力变化次数有关,按照一般的规定,黑色金属材料循环次数为$10^6 \sim 10^7$次,有色金属材料循环次数为10^8次。

疲劳破坏断裂的原因很多,普遍认为,当材料表面有划痕、缺口,材料内部有气孔、夹杂物,或长期处在交变应力的反复作用下时,零件容易出现疲劳断裂。为了提高机械零件的疲劳强度,延长其使用寿命,可通过采取改善零件的内部组织,改变零件的外部结构形状(如避免尖角),以减小和避免应力集中,减少表面碰伤、刀痕,对零件进行表面热处理、表面强化处理等方法来实现。

1.1.2 金属及合金的工艺性能

金属材料对不同加工工艺方法的适应能力称为金属材料的工艺性能。金属材料的工艺性能反映了金属材料接受各种加工及处理时难易的适应程度,对零件的制造工艺、产品质量、加工生产率和生产成本等均有极大的影响。不同的加工、成型和处理方法,对金属材料工艺性能的要求也不同,材料的工艺性能必须与之相适应。金属材料常用的工艺性能包括铸造性能、锻造性能、切削加工性能和焊接性能等。

1. 铸造性能

金属及其合金在铸造工艺过程中,获得优良铸件的能力称为铸造性能。衡量铸造性能好坏的主要指标包括流动性、收缩性和偏析倾向。

(1) 流动性

金属熔融后的流动能力称为流动性,流动性主要受金属化学成分和浇注温度的影响。金属的流动性越好,越容易充满铸型,越能获得外形完整、尺寸精确、轮廓清晰的铸件。

(2) 收缩性

铸件冷却或凝固时,铸件尺寸或体积减少的现象称为收缩性。铸件的收缩轻则影响着尺寸的精度,严重时还会使铸件产生疏松、缩孔、变形、内应力和开裂等缺陷。如图1-5所示的圆筒形铸件,其收缩时转角处容易产生缩孔和裂缝。一般来说,金属的收缩率越小,铸造性能越好。

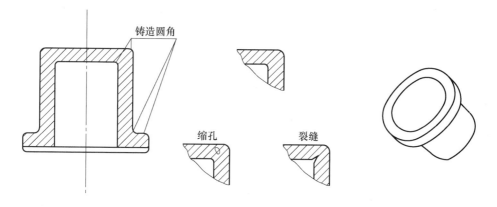

图1-5 铸件收缩时产生的缩孔、裂缝

(3) 偏析倾向

金属凝固后,出现内部化学成分及组织不均匀的现象称为偏析。偏析严重时会降低铸件的质量,并使铸件各部分的力学性能产生差异,偏析的存在对大型铸件的危害极大。

2. 锻造性能

金属及其合金采用锻压成形的方法,获得优良锻件的难易程度称为锻造性能。锻造性能的好坏取决于金属塑性及变形抗力,塑性越好,变形抗力越小,金属的锻造性能越好。常温下黄铜及铝合金的锻造性能良好,加热状态下的碳钢锻造性能较好,铸件材料则不能进行锻压。

3. 切削加工性能

金属材料切削加工的难易程度称为切削加工性能。切削加工性能的好坏取决于工件切削后的表面光洁度以及刀具的使用寿命等。影响金属切削加工的因素很多,主要有工件的化学成分、工件硬度、材料塑性、形变强度和导热性等。通常铸铁的切削加工性能优于钢,普通碳钢的切削加工性能优于高合金钢。工业生产中,常采用适当的热处理方式或改变钢的化学成分的方式来改善钢的切削加工性能。

4. 焊接性能

金属材料对焊接加工的适应能力(或在一定的焊接工艺条件下,获得高质量焊接接头的难易程度)称为焊接性能。碳钢及低合金钢的焊接性能取决于碳含量及其化学成分,低碳钢焊接性能良好,高碳钢和铸件的焊接性能较差。

1.2 铁碳合金的结构

由铁和碳两种元素为主而组成的金属材料称为铁碳合金。铁碳合金按含碳量多少分为工业纯铁、钢和生铁。工业纯铁含碳量低($\omega_C<0.0218\%$),塑性好,强度、硬度很低,不耐磨,所以极少用来制造机器零件。在纯铁中加入少量碳元素后变成钢(钢为 $\omega_C=0.0218\%\sim2.11\%$ 的铁碳合金),钢的组织和性能不同于纯铁,强度和硬度明显提高,在工业生产中被广泛使用。根据含碳量及室温的不同,钢又分为共析钢($\omega_C=0.77\%$)、亚共析钢($\omega_C<0.77\%$)和过共析钢($\omega_C>0.77\%$)三种。当纯铁中碳元素含量继续增大至 $2.11\%<\omega_C<6.69\%$ 时变成白口铁。白口铁按室温的不同,分为共晶白口铁($\omega_C=4.3\%$)、亚共晶白口铁($2.11\%<\omega_C<4.3\%$)和过共晶白口铁($4.3\%<\omega_C<6.69\%$)。

1.2.1 铁碳合金组织

在铁碳合金中,碳可以熔解在铁中形成固溶体(固溶体指溶质原子溶入金属溶剂的晶格中所组成的合金相),或形成化合物与固溶体的机械混合物(机械混合物指由纯金属、固溶体、金属化合物这些合金的基本相按照固定比例构成的组织);碳也可以与铁形成一系列金属化合物(如 Fe_3C、Fe_2C 及 FeC 等)。常用的铁碳合金在固态时的基本组织有:铁素体、奥氏体、渗碳体、珠光体和莱氏体。碳溶于 $\alpha-Fe$ 中形成的间隙固溶体称为铁素体,用符号 F 表示。碳溶于 $\gamma-Fe$ 中形成的间隙固溶体称为奥氏体,用符号 A 表示;碳与铁形成的具有复杂晶格的金属化合物称为渗碳体,用符号 Fe_3C 表示;由软的铁素体片和硬的渗碳体片相间组合而成的机械混合物称为珠光体,用符号 P 表示;碳的质量分数为 4.3% 的液态铁碳合金,在冷却到 1 148 ℃ 时,由液态中同时结晶出奥氏体和渗碳体的共晶体称为莱氏体,用符号 Ld 表示。各种基本组织的形成机理及综合性能如表1-2所列。

钢中含碳量越高,渗碳体所占质量密度越大,强度、硬度越高,塑性、韧性越低。渗碳体在一定的条件下,可以分解为铁和自由状态的石墨,即

$$Fe_3C \rightarrow 3Fe + C(石墨)$$

表1-2 铁碳合金基本组织形成机理与性能

组织名称(代号)	形成机理	综合性能
铁素体(F)	碳溶于α-Fe中形成的间隙固溶体,α-Fe体心立方结构保持不变,碳溶解度小	含碳量低,强度及硬度低,塑性及韧性好,性能近似工业纯铁
奥氏体(A)	碳溶于γ-Fe中形成的间隙固溶体,γ-Fe面心立方结构保持不变,碳溶解度较大	强度及硬度一般,塑性及韧性良好,抗变形能力差,属高温组织
渗碳体(Fe_3C)	碳与铁形成的具有复杂晶格的金属化合物	含碳量高($\omega_C = 6.69\%$),强度及硬度高,塑性及韧性极低
珠光体(P)	由软的铁素体片和硬的渗碳体片相间组合而成的机械混合物	含碳量高($\omega_C = 0.77\%$),有较高的强度和硬度,足够的塑性及韧性
莱氏体(Ld)	$\omega_C = 4.3\%$的液态铁碳合金,冷却到1 148℃时,由液态中同时结晶出奥氏体和渗碳体的共晶体	含碳量$\omega_C = 4.3\%$,硬度很高,塑性很差,属白口铸铁的基本组织

1.2.2 铁碳合金相图

反映铁碳合金在结晶过程中的温度、合金成分及组织之间关系或状态的图形称为铁碳合金相图,如图1-6所示。看图时需注意下列问题:

① 铁碳合金相图是在极缓慢冷却(或加热)条件下绘制测定的图形。

② 对含碳量高($\omega_C > 6.69\%$)的Fe_2C及FeC来说,因为脆性太大,没有实用价值。所以图1-6所示铁碳合金状态图是含碳量为0%~6.69%的合金部分。

③ 当碳的质量分数等于6.69%时,铁元素和碳元素形成的金属化合物Fe_3C可看成是合金的一个组元,所以铁碳合金相图实际上是$Fe-Fe_3C$的相图。

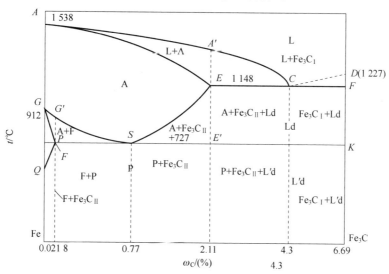

图1-6 简化的铁碳合金相图

1. Fe-Fe₃C 相图分析

铁碳合金相图中,纵坐标代表温度,横坐标代表碳的质量分数。横坐标最左端(坐标原点)碳的质量分数等于零,属纯铁;横坐标最右端碳的质量分数等于6.69%,是铁碳合金 Fe_3C。

(1) Fe-Fe₃C 相图中特性点的含义

铁碳合金相图中用字母标出的点均表示一定特性(成分和温度),这些点称为特性点。各特性点的温度及含义如表1-3所列。

表1-3 铁碳合金相图中的特性点

特性点	$t/℃$	$\omega_C/(\%)$	含义
A	1 538	0	纯铁熔点
C	1 148	4.30	共晶点
D	1 227	6.69	渗碳体熔点(按热力学的计算值)
E	1 148	2.11	碳在 γ 铁中的最大溶解度
G	912	0	α 铁 $\Longleftrightarrow \gamma$ 铁同素异晶转变点
S	727	0.77	共析点
P	727	0.021 8	碳在 α 铁中的最大溶解度
Q	室温	0.008	室温下碳在 α 铁中的溶解度

(2) Fe-Fe₃C 相图中图线的含义

铁碳合金相图中各条线实际上是铁碳合金内部组织发生转变时的组织转变线。各线的名称及含义如下:

1) ACD 为液相线 铁碳合金在该线以上温度区域为液态,缓冷至该线时开始结晶。

2) AEC 为固相线 铁碳合金缓冷至该线时,全部结晶为固态,该线以下区域为固态区。简化后的相图中有两条水平线,代表两个等温反应。

① ECF 水平线 该线为共晶转变线(生铁的固相线)。$\omega_C > 2.11\%$ 的液态铁碳合金,缓冷至此线(1 148℃)时,均会发生共晶转变,生成莱氏体(Ld),即

$$Lc \rightarrow Ld(A_E + Fe_3C)$$

② PSK 水平线 该线为共析反应线,又称 A_1 线。反应产物为珠光体(铁素体和渗碳体的机械混合物)。$\omega_C > 0.021\ 8\%$ 的铁碳合金,缓冷至此线(727℃)时,均发生共析转变,由奥氏体变为珠光体(P),即

$$As \rightarrow P(F_P + Fe_3C)$$

3) GS 线 该线是从奥氏体中析出铁素体的开始线,又称 A_3 线。代表 $\omega_C < 0.77\%$ 的铁碳合金,缓冷至此线时开始从奥氏体中析出铁素体;或加热至此线时铁素体即停止转变为奥氏体。

4) ES 线 该线是碳在 γ 铁中的溶解度曲线,又称 A_{cm} 线。表示在 AESG 区域中的奥氏体,随着温度的缓慢下降,组织继续发生改变,至 GS 线时开始析出铁素体,至 ES 线时开始析出二次渗碳体(Fe_3C_{II}),至 ES 与 GS 线的交点 S(727℃,$\omega_C=0.77\%$)点时发生共析反应(S 点为共析点)。通过共析反应,可从奥氏体中同时析出铁素体与二次渗碳体的机械混合物(珠光体)。

5) PQ 线 该线是碳在铁素体中的溶解度曲线。表示铁碳合金从 727℃ 缓冷至 600℃ 时,碳的溶解度 ω_C 从最大的 0.021 8% 下降至 0.008%,即室温下几乎不溶碳。此时,铁素体中多余的碳将以渗碳体形式析出,称为三次渗碳体(Fe_3C_{III})。第一、二、三次渗碳体的成分、晶体结构和性能都相同,只是渗碳体形成来源、分布、形态不同,因此对铁碳合金的作用和性能影响有所不同。

2. 钢在缓慢冷却中的组织转变

由铁碳合金相图可知,不管含碳量多少,当钢液冷却至 AC 线时即开始析出奥氏体。随着温度下降,奥氏体不断增加,钢液不断减少。当温度降到 AE 线时,结晶完毕成为均匀的奥氏体组织。当温度在 AE 线和 GSE 线之间时,奥氏体不发生组织转变。当温度降低至 GSE 线时,含碳量不同的奥氏体会发生三种不同组织的转变。表 1-4 所列为钢在缓慢冷却过程中的组织转变。

表 1-4 钢在缓慢冷却过程中的组织转变

钢的类别	组织转变过程	PSK 线以下组织	组织转变简图
共析钢 $\omega_C=0.77\%$	奥氏体缓冷至 S 点,全部变成珠光体	P (珠光体)	
亚共析钢 $0.021\ 8\%<\omega_C$ $<0.77\%$	自高温缓冷至 GS 线,奥氏体中开始析出铁素体;随着温度继续下降,铁素体不断增加,当温度降至 PSK 线时,停止析出铁素体,碳的质量分数增至 0.77%,发生共析反应,析出珠光体	P+F 机械混合物 (铁素体+珠光体)	
过共析钢 $0.77\%<\omega_C$ $\leqslant 2.11\%$	自高温缓冷至 ES 线时,奥氏体中开始析出渗碳体;随着温度下降,渗碳体不断增加。当温度降至 PSK 线时,停止析出渗碳体,碳的质量分数减少至 0.77%,发生共析反应,析出珠光体	P+ Fe_3C_{II} 机械混合物 (网状渗碳体+珠光体)	

1.3 钢的热处理方法

1.3.1 钢的热处理原理

1. 概 述

将固态金属或合金,采用适当的方式进行加热、保温和冷却,以获得所需组织结构与性能的工艺称为钢的热处理。

根据热处理目的和工艺方法的不同,热处理分为普通热处理和表面热处理。普通热处理又分为退火、正火、淬火和回火；表面热处理分表面淬火和化学热处理，其中表面淬火含火焰加热和感应加热，化学热处理含渗碳和渗氮等。热处理方法虽然很多，但任何一种热处理工艺都是由加热、保温和冷却三个阶段组成。热处理工艺过程可用温度-时间坐标系中的曲线图表示，这种曲线称为热处理工艺曲线，如图1-7所示。

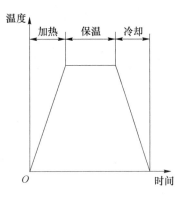

图1-7 热处理工艺曲线示意图

2. 钢在加热时的转变

在处理工艺中，当钢被加热到一定温度时，能得到一种为奥氏体的内部组织。该组织强度及硬度高，塑性良好，晶粒大小、晶粒成分及均匀化程度，对钢冷却后的组织和性能有着重要的影响。因此，为了得到细小均匀的奥氏体晶粒，必须严格控制钢的加热温度和保温时间，确保钢在冷却后获得高性能的组织。

3. 钢在冷却时的转变

钢的冷却是热处理的关键工序，成分相同的钢经加热获得奥氏体组织后，以不同的速度冷却时，将获得不同的力学性能，如表1-5所列。

表1-5 冷却速度与力学性能

冷却方法	随炉缓冷	空 冷	油 冷	水 冷
冷却速度	10℃/min	10℃/s	150℃/s	600℃/s
所得硬度（HRC）	12	26	41	63

1.3.2 退火与正火

1. 退 火

将钢加热到合适的温度，保温一定时间，然后缓慢冷却（一般随炉冷却或埋入导热性较差的介质中一段时间）以获得接近相图中常温组织的热处理工艺称为退火。退火能降低零件的硬度以利于切削加工，也能改善组织、细化晶粒、提高零件的机械性能，消除零件的内应力。由于钢的成分和退火目的不同，退火可分为完全退火、球化退火、等温退火、去应力退火、扩散退火和再结晶退火等。

2. 正 火

将钢件加热到组织转变为奥氏体的临界温度以上使其完全奥氏体化，保温后出炉空冷的热处理工艺称为正火。正火的冷却速度比退火稍快，经正火得到的珠光体组织较细，钢的强度和硬度有所提高。且正火操作简便，采用炉外冷却（空冷、风冷或喷雾冷），能量耗费少，成本较低，生产率较高，所以应用广泛。

1.3.3 淬火与回火

1. 淬 火

将钢加热到组织转变为奥氏体的临界温度以上，以急剧水冷或油冷等方式，快速（超过临界冷却速度）冷却的热处理工艺称为淬火。淬火能使钢获得马氏体组织，提高刀具或量具的硬度与耐磨性,也能改善一般结构零件的强度和韧性。作为强化钢材的主要手段之一,淬火常和回火一起配合使用。常用淬火方法有双液淬火、单液淬火、马氏体分级淬火和贝氏体等温淬火等。

2. 回　　火

将经过淬火后的钢,重新加热到组织转变为奥氏体临界温度以下某一温度,保温一定时间,然后冷却(一般空冷)至室温的热处理工艺称为回火。回火能消除或减少淬火产生的内应力,防止工件变形、开裂,提高工件韧性,降低工件脆性;回火还能调节硬度,使工件获得稳定的尺寸和较好的力学性能组织。

回火分为低温回火、中温回火和高温回火。低温回火能减小工件内应力,降低脆性,保持淬火后高的硬度和高的耐磨性,主要用于处理要求硬度高、耐磨性好的零件(如刃具、量具、模具等),温度范围 150～250℃。如果在 100～150℃ 的溶液中(水溶液或油溶液)长时间低温回火,能提高精密零件或量具尺寸的稳定性,该种回火方式称为时效处理。

中温回火能使工件获得足够的韧性、高的弹性及高的屈服极限,常用于各种弹簧、发条及锻模等,温度范围 350～500℃。

高温回火能消除淬火应力,使零件获得一定的强度、硬度、塑性、韧性及综合力学性能,温度范围 500～650℃。生产中习惯于将淬火后再高温回火的热处理工艺称为调质处理,调质处理一般用于处理要求综合机械性能较好的重要零件,如曲轴、连杆、齿轮、螺栓、轴承等。

1.3.4　表面热处理

通过改变零件表层组织或表层化学成分的热处理方法称为表面热处理。表面热处理分表面淬火及化学热处理两种。

机器中的许多零件,如齿轮、曲轴、凸轮、活塞销等在工作时,既要承受一定的摩擦及动载荷,又要具有高的硬度、耐磨性及足够的心部强度和韧性。高碳钢硬度高、心部韧性不好;低碳钢心部韧性好、表面硬度低、不耐磨。表面热处理能同时兼顾零件的表面硬度及心部韧性要求。

1. 表面淬火

对零件进行快速加热,使其表面层迅速淬硬,而心部在来不及被加热的情况下迅速冷却的热处理方法称为表面淬火。表面淬火能使零件表面层获得高的硬度,心部仍保持原组织不变。

表面淬火快速加热的方法有火焰加热、电感应加热、脉冲能量加热、电接触加热等,目前应用最广的是火焰加热及电感应加热表面淬火。

利用氧和乙炔或氧和煤气等混合气体燃烧的火焰快速加热零件,使零件表面层迅速被加热到淬火温度,而热量还未向零件心部传递时,立即喷水(乳化液)冷却的方法称为火焰加热表面淬火(见图 1-8)。该方法设备简单,表面层淬硬速度快,工件变形小,适用于单件、小批或大型工件的热处理(如大齿轮、钢轨面等)。但淬火质量难以保证,容易过热,使用起来有一定的局限性。

将工件放入用铜管绕成的线圈内,在线圈中通

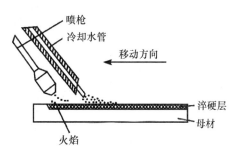

图 1-8　火焰加热表面淬火

以一定频率的交流电,使其产生频率相同的交流磁场。在工件内部,同样会产生与线圈电流频率相同、方向相反的感应电流即涡流,涡流能使电能变成热能,且主要集中在零件表面,频率越高,涡流集中的表面层越薄,这种现象称为集肤效应。

利用集肤效应原理,使工件表面层快速加热到淬火温度后,立即喷水冷却使表层淬硬的方法称为感应加热表面淬火(见图1-9)。由于频率不同,感应加热装置分为高频(100～1 000 kHz)、中频(1～10 kHz)和工频(普通工业电 50 Hz)三种,三种方式淬硬深度随电流频率的降低而增加,分别为:高频淬火,能得到0.5～2 mm深的淬硬层;中频淬火,能得到2.4～10 mm深的淬硬层;工频淬火,能得到大于10～15 mm深的淬硬层。

感应加热表面淬火因速度快,生产效率高,产品质量好,易于实现机械化、自动化,在大批量流水线生产中得到了广泛应用。但因设备昂贵,设备维修、调整困难,且对复杂形状零件的感应器不易制造,所以不宜用于单件或小批量生产中。

2. 化学热处理

将钢件放入一定温度的活性介质中,经加热、保温,使介质中的一种或几种活性原子渗入到钢件表层,以改变表层化学成分、组织和表层性能的热处理工艺称为化学热处理。化学热处理按表面渗入元素的不同,可分为渗碳、渗氮、渗硼、渗金属(铝、铬等)和氰化(碳氮共渗)等,常用的是渗碳和渗氮。

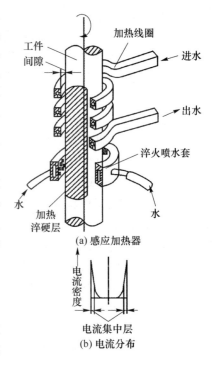

图1-9 感应加热表面淬火

(1) 钢的渗碳

将钢件置于渗碳介质中加热保温,使碳原子渗入钢件表层,表层含碳量增加的化学热处理工艺称为钢的渗碳,如图1-10所示。渗碳后的钢件,经淬火、低温回火后,能提高表层硬度和耐磨性,而心部仍保持一定的强度及良好的塑性和韧性。

(2) 钢的渗氮

在一定温度下,将活性氮原子渗入钢件表面,使表层含氮量增加的化学热处理工艺称为钢的渗氮(或氮化),被渗氮的钢的表层称为氮化层。氮化层具有高硬度、高耐磨性及良好的耐疲劳和耐蚀等性能。零件经渗氮处理后,能在600℃高温环境下使用,而表层硬度不会显著降低。经过渗氮后,不需要淬火,零件变形小、精度高。工业生产中的氮化用钢,多数为含有铬、钼、铝等元素的合金钢,因为这些合金元素能和氮形成高硬度且性能稳定的

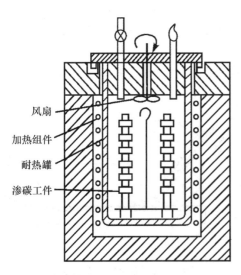

图1-10 气体渗碳法示意图

氮化物(如 TiN、AlN 等)。

1.3.5 热处理加热炉

根据热处理生产特点、工件特点及技术要求不同,大致可分为如下几类:

① 按热源分为电阻炉和燃料炉。其中燃料炉分固体燃料炉(煤、焦碳作燃料)、液体燃料炉(重油等液体燃烧)和气体燃料炉(焦炉煤气等气体燃料)三类。

② 按炉型分为箱式炉和井式炉。

③ 按工作温度分为高温炉(1 000～1 300℃)、中温炉(650～1 000℃)和低温炉(低于650℃)。

④ 按加热介质分为空气炉(空气介质)、控制气氛炉(特制的含一定成分的气体介质)和浴炉。其中浴炉又分为盐浴炉(熔盐介质)、碱浴炉(熔碱介质)、油浴炉(油液介质)。

电阻炉因为热源方便、炉温均匀,好控制,热处理质量高,易于实现机械化、自动化等优越性而被广泛使用。

练习思考题

1-1 金属及其合金有哪些基本的力学性能?

1-2 一根标准拉力试棒直径 Φ 为 10 mm,长度 l 为 50 mm。试验时测出材料在 26 000 N 时屈服,45 000 N 时断裂。拉断后试棒长度为 58 mm,断口直径为 7.75 mm。试计算 σ_s、σ_b、δ 和 ψ。

1-3 默绘出简化后的铁碳合金相图。

1-4 参考图 1-6,简述各典型成分在缓冷时的组织转变过程。

1-5 什么是热处理?热处理的目的是什么?热处理有哪些基本类型?

1-6 解释下列名词术语:退火、正火、淬火、回火及调质处理。

1-7 什么是钢的表面热处理?常用的表面热处理方法有哪些?

1-8 什么是表面淬火?常用的表面淬火方法有哪些?

1-9 何谓化学热处理?常用的化学热处理有哪几种?

1-10 什么是钢的渗碳?渗碳的主要目的是什么?

1-11 什么是钢的渗氮?渗氮的作用是什么?工业上常用的氮化用钢有哪些?

1-12 热处理加热炉是如何分类的?

第 2 章 黑色金属材料

金属材料由黑色金属材料(钢铁材料)和非铁金属材料两大类组成。黑色金属材料又分为碳素钢和合金钢,黑色金属以外的其他金属称为非铁金属材料。

2.1 碳 素 钢

含碳量小于2.11%的铁碳合金称为碳素钢,简称碳钢。碳钢中除了铁、碳两种元素外,还含有少量的锰、硅、硫、磷等杂质。碳素钢因为冶炼方便,加工容易,不消耗贵重合金元素和价格低,通过不同的热处理工艺能获得一定的力学性能,被广泛应用于建筑、交通运输及机械制造领域。但碳素钢淬透性及热硬性低,不能用于大尺寸、重载荷的零件,也不能用于耐热、耐磨、耐蚀等方面的零件,影响了它的使用范围。

2.1.1 碳钢的分类

碳钢的分类方法很多,常按其化学成分、冶金质量和用途进行分类,有以下几种。

① 按钢中碳元素的含量可分为低碳钢($\omega_C < 0.25\%$)、中碳钢($0.25\% < \omega_C < 0.6\%$)和高碳钢($0.6\% < \omega_C < 1.4\%$);

② 按钢中有害杂质硫、磷含量的多少,可分为普通碳素结构钢($\omega_s \leq 0.050\%$,$\omega_p \leq 0.045\%$)、优质碳素结构钢($\omega_s \leq 0.035\%$,$\omega_p \leq 0.035\%$)和高级优质碳素结构钢($\omega_s \leq 0.020\%$,$\omega_p \leq 0.030\%$);

③ 按钢的用途不同,可分为碳素结构钢(含碳量0.06%~0.38%,属中、低碳钢,硫、磷含量较高)、碳素工具钢(含碳量0.65%~1.35%,属高碳钢)和铸钢。

2.1.2 碳钢的牌号、性能及用途

1. 结构钢

(1) 碳素结构钢

碳素结构钢牌号用"Q+数字+质量等级符号+脱氧方法符号"表示。如 Q235-AF 中的"Q"代表钢材料屈服点"屈"字汉语拼音字首;屈服点 $\sigma_s = 235$ MPa。质量等级符号分 A、B、C、D 四个等级,A级质量最差,D级质量最好,此处为 A 级质量。脱氧方法符号用 F、b、Z、TZ 表示,F 为沸腾钢,属不脱氧钢,b 为半镇静钢,属半脱氧钢,Z、TZ 分别代表镇静钢和特殊镇静钢(Z、TZ 通常省略),这两种钢是完全脱氧钢。碳素结构钢塑性、韧性均较好,一般在供应状态下使用,不需要进行热处理,主要用于制作钢筋、钢板等建筑用材及机器构件。

(2) 优质碳素结构钢

优质碳素结构钢牌号由两位数字组成,表示钢中碳的平均万分含量(质量分数),如 45 钢表示 $\omega_C = 0.45\%$。含锰量高的优质碳素结构钢牌号后面需附加 Mn 元素符号,如 20Mn、15Mn 等。优质碳素结构钢中硫、磷等有害杂质含量较少,常用于制造比较重要的机械零件,

而且一般需要热处理。

当 $\omega_C<0.25\%$ 时,优质碳素结构钢塑性、韧性均好,焊接性能优良,容易冲压成形,但强度较低,适用于制造各种冲压及焊接件。

当 $\omega_C=0.3\%\sim0.5\%$ 时,优质碳素结构钢强度高,塑性、韧性稍低。经过热处理后可获得良好的综合力学性能,适用于制造齿轮、轴类零件及重要的螺栓、销钉等。

当 $\omega_C>0.55\%$ 时,优质碳素结构钢经过热处理后可获得高的强度、高的硬度及良好的弹性,适用于制造弹簧及耐磨零件。

2. 碳素工具钢

按钢中有害杂质硫、磷含量可分为优质碳素工具钢和高级优质碳素工具钢。碳素工具钢牌号用"T+数字"表示。"T"代表"碳"字汉语拼音字首,数字表示含碳量的千分数。若为高级优质碳素工具钢,则在牌号后加 A,如 T12 中的数字表示平均含碳量 $\omega_C=1.2\%$;T10A 中的数字表示平均含碳量 $\omega_C=1\%$,A 表示高级优质。碳素工具钢因为热处理变形大,热硬性较低,仅适用于制造非精密量具、金属切削低速手用刀具(如锉刀、锯条、手用丝锥、剃刀、刮刀)、模具及木工工具等。常用的碳素工具钢有 T8、T10、T12、T10A 及 T12A 等。

3. 铸钢

铸钢按化学成分分为二类:铸造碳钢和铸造合金钢。其中铸造碳钢占 80% 以上,牌号由"ZG+数字+数字"组成,第一组数字为该牌号铸钢屈服点,第二组数字为抗拉强度。如 ZG310-570 表示工程铸钢的屈服强度 $\sigma_s=310$ MPa,抗拉强度 $\sigma_p=570$ MPa。企业生产中,铸钢用于制作形状复杂、难以锻压成形且不宜采用铸铁材料的零件。常用铸钢有 ZG200-400、ZG230-450 等。

2.2 合 金 钢

冶炼时,在钢中加入适量的合金元素(如锰、硅、铬、钼、钨、钛、铝、铜、钒、铌及稀土元素等)后形成的钢称为合金钢。合金元素的加入,能提高钢的机械性能、工艺性能、物理性能和化学性能,所以合金钢在机械制造中得到了广泛应用。

2.2.1 合金钢分类

生产中的合金钢通常按合金元素种类、总含量、用途及金相组织来分类。

① 按钢中合金元素总含量分为低合金钢($\omega_{Me}<5\%$)、中合金钢($5\%<\omega_{Me}<10\%$)和高合金钢($\omega_{Me}>10\%$)。

② 按钢中合金元素种类分为铬钢、锰钢、硅锰钢、铬镍钢、铬锰钢、铬钼钢和铬镍钼钢等。

③ 按主要用途分为合金结构钢、合金工具钢和特殊性能钢。

④ 按金相组织分为奥氏体钢、马氏体钢和铁素体钢。

2.2.2 合金钢的牌号、性能及用途

1. 合金结构钢

在碳素结构钢中适当的加入一种或数种合金元素(如硅、锰、铬、钼、钒等)形成的钢称为合金结构钢,合金结构钢牌号用钢的含碳量、合金元素种类及含量表示。当钢中合金元素平均含

量<1.5%时,牌号中只标元素名称,不标含量。如 60Si2Mn 代表 $\omega_C=0.6\%$,$\omega_{Si}=2\%$,$\omega_{Mn}<1.5\%$ 的硅锰合金结构钢。制作时滚动轴承必需专用的滚动轴承钢,该钢属于专用合金结构钢,牌号前需加"G",如 GCr15 中的"G"代表钢的种类,Cr 代表合金元素名称,15 代表合金元素含量 $\omega_{Cr}=1.5\%$。合金结构钢具有较高的强度、较好的韧性和较强的淬透性,主要用来制造机械设备上的结构零件及建筑工程(如桥梁、船泊、锅炉等)构件,如 40Cr 常用作传动轴材料。

2. 合金工具钢

用于制造各种工具的合金钢称为合金工具钢。合金工具钢按用途分为合金刃具钢、合金模具钢、合金量具钢。合金工具钢牌号由"一位数字+元素符号"表示,符号前的一位数字代表平均含碳量的千分数(钢中含碳量≥1%时省略标注)。如 9CrSi 表示平均含碳量为 0.9%;Cr12 表示含碳量大于 1%省略标注。合金工具钢中因加入了硅、锰、铬等少量合金元素,提高了材料的热硬性,改善了材料的热处理性能。合金刃具钢用来制造车刀、刨刀、钻头、铣刀、铰刀、丝锥、板牙等刀具。合金模具钢用来制造落料、冷镦、剪切、拉丝等冷作模具钢及热锻、热剪、压铸等热作模具钢。合金量具钢用来制造卡尺、块规、千分尺等各种测量工具。

3. 特殊性能钢

具有某些特殊的物理、化学或力学性能,且合金元素含量较多的合金钢称为特殊性能钢。常用的有不锈钢、耐热钢、耐磨钢和软磁钢等。

(1) 不锈钢

含铬、镍等合金元素及少量锰、钛、钼元素,并具有抵抗空气、蒸气、酸、碱或其他介质腐蚀的钢称为不锈钢。不锈钢牌号由"一位数字+元素符号+数字"表示,前面数字代表平均含碳量的千分数,后面数字表示合金元素平均百分含量。如 1Cr13 代表平均含碳量 0.1%,平均含铬量为 13%。不锈钢耐蚀,不锈性能良好,适用于化工设备(如抗酸溶液腐蚀的容器及衬里、输送管道)、医疗器械等。常用的不锈钢有 1Cr13、2Cr13、1Cr18Ni9Ti 和 1Cr18Ni9 等。

(2) 耐热钢

在高温下使用时能抵抗氧化而不起皮,并能保持足够强度的钢称为耐热钢。耐热钢既耐热又有相当强度,主要用于制造在高温条件下使用的零件,如内燃机气阀。常用的耐热钢有 4Cr10Si2Mo、4Cr14Ni14W2Mo 等。

(3) 耐磨钢

在巨大压力和强烈冲击载荷作用下才能发生硬化且具有高耐磨性的钢称为耐磨钢。常用的耐磨钢是高锰钢,牌号为 ZGMn13。"ZG"代表"铸钢"二字汉语拼音字首,Mn 为锰元素符号,13 为锰的质量平均分数。高锰钢的特点是高碳($\omega_C=1\%\sim1.3\%$)、高锰($\omega_{Mn}=11\%\sim14\%$),所以其硬度和耐磨性高,但过高的硬度和耐磨性会使冲击韧性下降,增加开裂倾向,所以这种钢硬而脆。耐磨钢主要用作挖掘机铲齿、坦克履带、铁道道叉、防弹板等在强烈冲击和严重磨损条件下工作的零件材料。

(4) 软磁钢

在钢中加入了硅轧制而成的薄片状材料称为软磁钢或硅钢片。硅钢片磁性好,其中含有一定数量的硅含量(约 1%~4.5%),碳、硫、磷、氧、氮等杂质含量极少,主要用于制造变压器、电动机、电工仪表等。

2.3 铸 铁

含碳量大于2.11%的铁碳合金称为铸铁,工业中的铸铁含碳量在2.5%～4.0%之间。铸铁中的碳元素主要以渗碳体和游离态的石墨两种形式存在,根据碳存在形式的不同,铸铁可以分为白口铸铁、灰口铸铁、球墨铸铁、可锻铸铁和合金铸铁等。灰口铸铁中的石墨呈片状,石墨的数量、形状、大小和分布对灰口铸铁性能的影响很大,石墨片愈大,分布愈不均匀,愈易产生应力集中,机械性能愈低,反之,则性能愈好;可锻铸铁中的石墨呈团絮状,是由白口铸件在固态下经长时间石墨化退火而成;球墨铸铁中的石墨呈球状;蠕墨铸铁中的石墨呈蠕虫状。不同铸铁呈现出的石墨形态如图2-1所示。

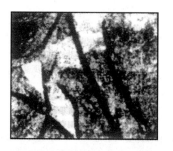
(a) 灰铸铁(珠光体基体)的显微组织

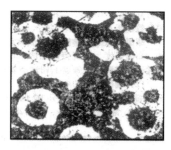
(b) 球墨铸铁(铁素体-珠光体基体)的显微组织

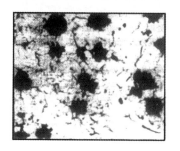
(c) 可锻铸铁(铁素体基体)的显微组织

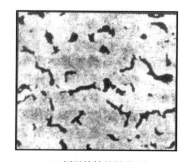
(d) 蠕墨铸铁的显微组织

图2-1 铸铁的显微组织图

2.3.1 白口铸铁

白口铸铁断面呈白色,其中的碳以化合物Fe_3C的形式存在。白口铸铁的性能硬而脆,不能进行切削加工,主要用作炼钢用原材料,不用来制造机械零部件。

2.3.2 灰口铸铁

灰铸铁断面呈灰色,其中的碳以片状石墨形式存在。灰口铸铁性能软而脆,铸造性好,且具有良好的耐磨性、耐热性、减振性和切削加工性,主要用来制造机床床身、罩盖、支架、底座、带轮、齿轮和箱体等,在工业生产中广泛应用。灰口铸铁牌号由"HT+数字"组成,"HT"指"灰铁"二字汉语拼音字首,数字代表最低抗拉强度(单位:MPa)。如HT300代表最低抗拉强度$\sigma_p=300$ MPa的灰口铸铁。

2.3.3 可锻铸铁

可锻铸铁又名马铁或玛铁,其中的碳大部分或全部以团絮状石墨形式存在。可锻铸铁力学性能有所改善,强度、韧性比灰口铸铁高。主要用于铸造汽车、拖拉机的后桥外壳、低压阀门、机床附件及农具等承受冲击振动的薄壁零件。

根据金相组织不同,可锻铸铁分为黑心可锻铸铁、白心可锻铸铁和珠光体可锻铸铁等。白心可锻铸铁性能较差,生产中极少使用。可锻铸铁牌号由"三个汉语拼音字母+数字+数字"组成,前一组数字代表其最低抗拉强度(单位:MPa),后一组数字代表其最低伸长率(百分数)。如 KTH350-10 代表最低抗拉强度 $\sigma_p = 350$ MPa,最低伸长率为 10% 的黑心可锻铸铁;KTZ550-04 代表最低抗拉强度 $\sigma_p = 550$ MPa,最低伸长率为 4% 的珠光体可锻铸铁。

2.3.4 球墨铸铁

在铁水中加入球化剂(如纯镁或稀土镁合金)进行球化和孕育处理,使铸铁中的碳大部分或全部以球状石墨形式存在的铸铁称为球墨铸铁。球墨铸铁机械性能良好,塑性、韧性和耐磨性较普通灰铸铁好,某些性能指标接近钢,抗拉强度甚至高于碳钢,广泛应用于机械制造、交通、冶金等工业部门。常用来制造气缸套、活塞、曲轴和机架等机械零件。球墨铸铁牌号由"QT+数字+数字"组成,前一组数字代表其最低抗拉强度(单位:MPa),后一组数字代表其最低伸长率(百分数)。如 QT500-5 代表最低抗拉强度 $\sigma_p = 500$ MPa,最低伸长率为 5% 的球墨铸铁。

练习思考题

2-1 什么是碳素钢?碳素钢有何特点?

2-2 通常所说的低碳钢、中碳钢、高碳钢含碳量范围各为多少?

2-3 普通碳素结构钢和优质碳素结构钢划分的依据是什么?

2-4 试比较碳钢和合金钢的优缺点?

2-5 合金钢中经常加入的合金元素有哪些?合金钢是如何分类的?

2-6 说明下列钢号的含义及钢材的主要用途:Q235、45、T10A、2Cr13、4Cr10Si2Mo、ZGMn13。

2-7 为下列零件选择材料:螺栓、锉刀、钻头、冲模、齿轮、弹簧、机床主轴、机床床身、柴油机曲轴。

2-8 什么是铸铁?常用的铸铁有哪些?

第 3 章 非铁金属

除黑色金属以外的其他金属称为非铁金属。非铁金属种类很多,又具有某些独特的性能,是工业上不可缺少的金属材料。非铁金属应用较广的是铝、铜、钛及其合金和滑动轴承合金。

3.1 铝及铝合金

3.1.1 工业纯铝

工业上使用的纯铝质量密度小(约为铁的三分之一)、导电性能好(稍次于铜)、塑性好,在空气中具有良好的抗腐蚀性,但强度及硬度低。常用于制作电线、电缆等导电材料,以及要求具有良好的导热和抗腐蚀性能而对结构和硬度要求低的零件。

工业纯铝并不是绝对的纯,其中含有少量的铁、硅等杂质。铝中杂质含量越多,其导电性、导热性、抗大气腐蚀性及塑性越低。工业纯铝的铝含量不低于99.00%,其牌号用1×××系列表示。牌号的后两位数字表示最低铝百分含量,牌号第二位数字或字母表示原始纯铝的改型情况,数字0或字母A表示原始纯铝,如果是1~9或字母B~Y中的一个,则表示为原始纯铝的改型。如1070表示含铝量99.70%的原始纯铝。

3.1.2 铝合金

在铝中加入适量的硅、铜、镁、锰等合金元素后即成了铝合金,铝合金具有较高的强度和较好的机械性能。铝合金的牌号按加入的合金元素铜、锰、硅、镁、镁和硅、锌、其它合金等分别用2×××~8×××系列表示。根据合金成分和工艺特点的不同,铝合金可分为形变铝合金和铸造铝合金两类。

形变铝合金塑性较高,适宜于压力加工,所以又称压力加工铝合金。按照其主要性能特点分为防锈铝合金(代号5A××、3A××)、硬铝合金(代号2A××、2B××)、超硬铝合金(代号7A××)和锻铝合金(代号2A××)等。形变铝合金主要用作各类型材和结构件,如各式容器、发动机机架、飞机的大梁等。

铸造铝合金适用于铸造而不适用于压力加工。按照其中主要合金元素的不同可分为铝硅合金、铝铜合金、铝镁合金和铝锌合金四类。各类铸造铝合金的牌号均用"ZL+三个数字"表示。三个数字中第一个表示类别:1为铝硅系,2为铝铜系,3为铝镁系,4为铝锌系;第二、第三个数字为顺序号。如ZL102、ZL203、ZL302等。铸造铝合金主要用作各种铸件,如活塞、汽缸盖和汽缸体等。

3.2 铜及铜合金

3.2.1 纯 铜

工业纯铜又名紫铜,常用电解法获得,故又称电解铜。纯铜具有很高的导电性、导热性和耐蚀性(纯铜在大气、水、水蒸气、热水中基本上不受腐蚀),并且具有良好的塑性,能承受各种形式的冷热压力加工,但纯铜强度较低,主要用作各种导电材料及配制铜合金。

按照冶金部门规定,纯铜加工产品代号、成分及大致用途如表 3-1 所列。

表 3-1 纯铜加工产品代号、成分及应用

代号	含铜量(%)	杂质含量(%) Bi	杂质含量(%) Pb	杂质总量(%)	主要用途
T1	99.95	0.002	0.005	0.05	电线、电缆、导电螺钉、化工用蒸发器、储藏器、雷管和各种管道
T2	99.90	0.002	0.005	0.1	
T3	99.70	0.002	0.01	0.3	电气开关、垫圈、垫片、铆钉、管嘴、油管和管道
T4	99.50	0.003	0.05	0.5	

3.2.2 铜合金

纯铜强度低,工业生产中广泛使用铜合金作为结构材料。按合金成分的不同,铜合金分为黄铜(铜与锌的合金)、锡青铜(铜与锡的合金)和无锡青铜等。

1. 黄 铜

含锌量低于 50%,以锌为唯一或主要合金元素的铜合金称为黄铜。黄铜分为普通黄铜和特殊黄铜。普通黄铜牌号由"H+数字"组成,"H"为"黄"的汉语拼音字首,数字表示含铜量的平均值,如 H96 指含铜量平均值为 96% 的普通黄铜。在铜锌合金中加有其他元素的黄铜称为特殊黄铜,牌号由"H+主加元素符号+数字+数字"组成,前一组数字为含铜量的平均值,后一数字为主加元素含量平均值。如 HPb59-1 为含铜量平均值 59%、含铅量平均值 1% 的特殊黄铜。黄铜主要用于制造散热器、弹簧、垫片、衬套及耐蚀零件等。

2. 青 铜

铜与锌以外元素组成的合金称为青铜,其中以铜、锡为主要成分的合金,即含锡的铜基合金称为锡青铜。牌号由"Q+第一主加元素符号+主加元素平均含量+其他元素含量"。如 QSn 代表含锡量 4%,含锌量 3% 的青铜。ZQSn 6-6-3 代表含 Sn 为 5%~7%、含 Zn 为 5%~7%、含 Pb 为 2%~4% 的铸造锡青铜。锡青铜耐磨性和耐蚀性较好,但铸造性能差,流动性不好,易形成缩松,难以得到致密的铸件,而且锡的价格贵,比较稀少,所以应用不多。目前大量使用的是以铝、锰、硅为主要合金元素的无锡青铜,如铅青铜、铝青铜等,主要用于制造齿轮、蜗轮、轴套、阀体及耐磨耐蚀的零件。

3.3 硬质合金

以难熔的金属碳化物粉末(碳化钨、碳化钛,碳化钽)为基体,以铁族元素(铁,钴,镍等)为粘结剂加压成型并经高温烧结而成的合金材料称为硬质合金。硬质合金硬度为 HRA 89~93 (相当于 HRC 74~81),具有很高的热硬性(可耐 800~1 000℃ 高温),能使金属切削速度大大提高。广泛用于机械制造领域中金属切削刀具的材料。使用硬质合金刀具能提高工作效率,提高零件表面的加工质量,为后续高速切削创造良好的条件。常用的硬质合金有以下三类。

3.3.1 YG(钨钴)类

YG(钨钴)类硬质合金由碳化钨和钴组成。常用牌号 YG3、YG6、YG8,数字表示含钴的

百分数,如 YC3 代表含钴百分数为 3%的硬质合金。YG 类硬质合金刀具适宜加工铸铁工件。硬质合金中含钴量越高,强度、韧性越好,耐磨性和硬度越低。所以,YG3 适用于精加工,YG6 适用于半精加工,YG8 适用于粗加工。

3.3.2　YT(钨钴钛)类

YT(钨钴钛)类硬质合金由碳化钨、碳化钛和钴组成。常用牌号 YT5、YT15、YT30,数字表示含碳化钛的百分数,如 YT15 指含碳化钛百分数为 15%的硬质合金。由于碳化钛比碳化钨熔点更高,其热硬性比 YG 类好,但强度比 YG 类差。YT 类硬质合金刀具适宜于加工钢件,YT5 适于粗加工,YT15 适于半精加工,YT30 适于精加工。

3.3.3　YW(钨钴钛钽)类

YW(钨钴钛钽)类硬质合金在 YT 类合金中加入部分碳化钽制成。由于碳化钽的加入,改善了合金的切削性能。YW 类硬质合金一般用来制作耐热、高锰及高合金钢等难以加工材料的刀具。它既可加工铸铁,又可加工钢,故有通用合金或万能合金之称。常用牌号为 YW1 和 YW2。

3.4　滑动轴承合金

轴承是很重要的机械零件,滑动轴承起支撑传动轴工作的作用。当滑动轴承支撑传动轴工作时,轴和轴瓦之间存在的强烈摩擦容易损伤轴。轴是机器上最重要的零件,价格昂贵,更换困难。在磨损不可避免的情况下为确保轴的磨损最小,一般从轴瓦材料上下工夫。制造轴瓦及其内衬的合金称为轴承合金。轴承合金中含锡、锑、铅、铜等元素。

以铅或锡为基的轴承合金称为"巴氏合金"或"巴比特合金"。这种合金具有强度和硬度高,塑性及韧性好,磨合能力、抗蚀性和导热好,耐磨且摩擦系数小等特点,能满足轴瓦材料的使用性能要求。除此以外,也可以用铜基、铝基轴承合金作为轴瓦材料。锡基轴承合金牌号由"ZCh+Sn+Sb+数字"组成。"ZCh"为"铸"和"承"汉语拼音字首,"Sn"为基本元素"锡"的化学符号,"Sb"为主加元素"锑"的化学符号,数字由主加元素(Sb)和辅加元素(Cu)的百分含量组成。如 ZChSnSb11 6 代表百分含量为 11%Sb 及百分含量约为 6%Cu 的锡基轴承合金。

锡基轴承合金与其他轴承材料相比还具有膨胀系数小、嵌藏性和减摩性较好等优点,广泛应用于汽车、拖拉机、汽轮机等机器设备的高速传动轴上。但锡基轴承合金的疲劳强度比较低,锡的溶点也低,所以一般适宜于低温环境下使用(工作温度<150℃)。

练习思考题

3-1　简述 HPb59-1、ZQSn 6-6-3、ZChSnSb11-6 所代表的含义?
3-2　什么是黄铜?黄铜的主要用途是什么?
3-3　形变铝合金按照其性能特点可分为哪几类?
3-4　什么是硬质合金?常用的硬质合金分为哪几类?
3-5　铸造铝合金按其所含的合金元素不同可分为哪几类?
3-6　什么是"巴氏合金"?该种合金有何特点?

第二篇　机械传动基础

机械传动是采用机械连接的方式来传递动力和运动的传动。在生产实际中,机械传动是最基本的传动方式。

对于一般的机器,其机械传动是通过各种机构和零部件的运动来实现的。因此,本篇主要介绍常用传动机构和零部件的结构原理、性能特点和运动规律。

第4章　常用机构

从结构上看,机器是由若干零部件组成。常用的零部件为螺栓、螺母、轴、键、联轴器等。

从运动学上看,机器是由若干传动机构组成。常用的传动机构为连杆传动、凸轮传动、螺旋传动和间歇传动机构等。

4.1　基本概念

4.1.1　零件、构件、部件

任何机器都是由若干零件组成的,如齿轮、螺栓、螺母等。所以,零件是机器中最基本的制造单元体。

零件可分为两类:一类称为通用零件,如螺栓、螺母、齿轮、弹簧等;另一类称为专用零件,只适用于特定类型的机器上,如内燃机的曲轴、活塞和车床上的尾架体等。

机器是根据某种具体使用要求而设计的多种实物的组合体。在分析机器的运动时,并不是所有的运动件都是零件,而常常由于机构上的需要,把几个零件刚性地连接在一起,作为一个整体而运动。例如在图 4-1 所示的单缸内燃机中,连杆 7 就是由连杆体、连杆头、螺旋和螺母等零件刚性连接在一起的运动件,如图 4-2 所示。这种由一个或几个零件构成的运动单元体称为构件。

为了便于设计、制造、运输、安装和维修,可把一台机器划分为若干个部件。部件是一组协同工作的零件所组成的独立制造或独立装配的装配单元体,如减速器、联轴器、离合器、滚动轴承等。

4.1.2　机器、机构、机械

机器是人类为了生产和生活的需要而创造发明的产物,如电动机、内燃机、起重机、加工机床等,尽管机器的种类很多,构造各异,性能与用途亦各不相同,但从它们的组成、运动规律及功能转换关系来看,机器具有以下特征:

① 机器是由许多构件经人工组合而成;

② 各构件之间具有确定的相对运动;

③ 它可用来完成有用的机械功(如各种机床、起重运输机械)或转换机械能(如内燃机、电动机分别将热能和电能转换为机械能)。

如图 4-1 所示的单缸内燃机是由汽缸体 1，活塞 2，进、排气阀 3 和 4，推杆 5，凸轮 6，连杆 7，曲轴 8，大、小齿轮 9 和 10 等构件组成的机器。活塞的往复移动通过连杆转变为曲轴的连续转动。凸轮和推杆用来打开或关闭进、排气阀。在曲轴和齿轮之间安装了一对齿轮，用来保证曲轴每转两周，进、排气阀各开闭一次。这样，当燃气推动活塞运动时，进、排气阀有规律地开闭，就把燃气的热能转换为曲轴转动的机械能。

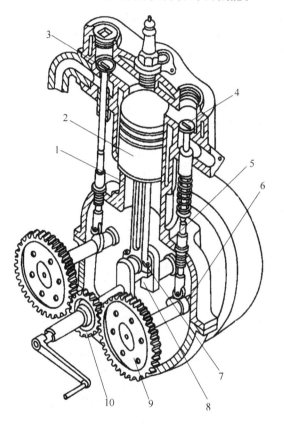
1—汽缸体；2—活塞；3—进气阀；4—排气阀；5—推杆
6—凸轮；7—连杆；8—曲轴；9—大齿轮；10—小齿轮
图 4-1 单缸内燃机

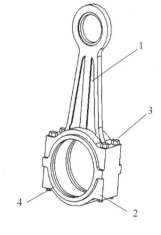
1—连杆体；2—连杆头；
3—螺栓；4—螺母
图 4-2 连 杆

机构也是由若干构件经人工组合而成，且各个构件之间具有确定的相对运动。如图 4-1 中，由曲轴、连杆、活塞和汽缸体所组成的曲柄滑块机构，可以把活塞的往复直线移动转变为曲柄的连续转动。所以，机构只具有机器的前两个特征。

机器是由机构组成。一部机器可包含一个机构(如电动机、鼓风机)或几个机构(如内燃机)。

因此，若撇开机器在做功和能量转换方面的功能，仅从组成和运动的观点来看，机器与机构之间并无区别。所以，习惯上用"机器"一词作为机器与机构的总称。

4.1.3 运动副及其分类

机构是由若干构件组合而成。而构件之间都是以一定的方式相互连接并存在着一定的相对运动。这种连接使两构件直接接触但非刚性连接。这种两构件直接接触并具有确定的相对运动的连接称为运动副。

常用的运动副有如下几类：

① 转动副：如图 4-3 所示，两构件只能在一个面（圆柱面）内作相对转动，这种运动副称为转动副，或称为铰链。

② 移动副：如图 4-4 所示，两构件只能沿某一轴线相对移动，这种运动副称为移动副，或称为滑动副。

③ 凸轮副：如图 4-4 所示，凸轮与推杆相互以点（或线）接触，将凸轮的等速转动转换为推杆按预定运动规律的运动，这种运动副称为凸轮副。

④ 齿轮副：如图 4-5 所示，两齿轮以线接触，传递运动和动力，这种运动副称为齿轮副。

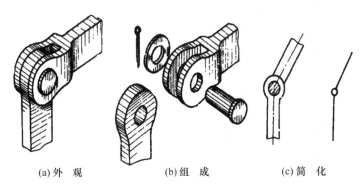

(a) 外　观　　　　(b) 组　成　　　　(c) 简　化

图 4-3　转动副（铰链）的结构

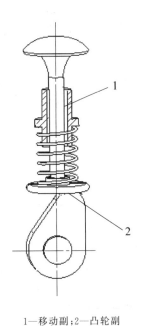

1—移动副；2—凸轮副

图 4-4　凸轮（滑动）机构

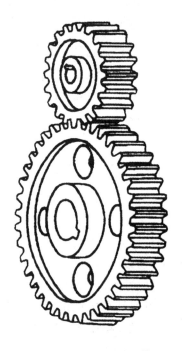

图 4-5　齿轮副的结构

4.2 平面连杆机构

用转动副和移动副将若干构件相互连接而成的机构称为连杆机构,用以实现运动变换和动力传递。其连杆机构中各构件的形状,并非都为杆状,但从运动原理来看,各构件可由等效的杆状构件代替,所以通常称为连杆结构。连杆机构按各构件间相对运动性质的不同,可分为空间连杆机构和平面连杆机构两类。其中平面连杆机构各构件间的相对运动均在同一平面或相互平行的平面内。下面介绍平面连杆机构的两种结构形式:铰链四杆机构和曲柄滑块机构。

4.2.1 铰链四杆机构

在平面连杆机构中,四个构件相互用转动副连接而成的机构称为铰链四杆机构,简称四杆机构。

图 4-6 所示的破碎机构即为四杆机构。当轮子绕固定轴心 A 转动时,轮子上的偏心销 B 和连杆 BC,使动颚板 CD 往复摆动。当动颚板向左摆动时,它与固定颚板间的空间变大,使矿石下落;向右摆动时,矿石在两颚板之间被轧碎。

破碎机构可用四个具有等效运动规律的四杆机构来代替,如图 4-7 所示,其中 A、B、C、D 为四个铰链。

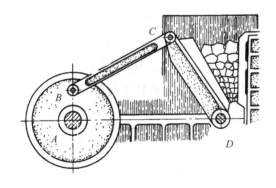

图 4-6 破碎机的破碎机构

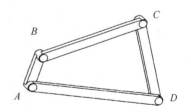

图 4-7 铰链四杆机构

为了方便分析研究机构的运动,不需要完全画出机构的真实图形,只需用规定符号画出能表达其运动特性的简化图形,即机构运动简图(简称机构简图)。

图 4-8 所示为铰链四杆机构运动简图,其中箭头表示构件的运动方向。图中,构件 AD 固定不动,称为静杆或机架。构件 AB 可绕轴 A 作整周转动,称为曲柄。构件 CD 可绕轴 D 作往复摆动,称为摇杆。曲柄和摇杆都与机架连接,故而统称连架杆。连接两连架杆的构件 BC 称为连杆。除了机架和连杆外,其余两杆可能为曲柄或摇杆,因而可以构成具有不同运动特点的四杆机构。

按连架杆的运动方式,四杆机构有以下三种基本形式:

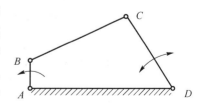

图 4-8 铰链四杆机构运动简图

1. 曲柄摇杆机构

在四杆机构中,如果连架杆中一个为曲柄,另一个为摇杆,则此机构为曲柄摇杆机构。

在曲柄摇杆机构中,曲柄和摇杆可互为主动件,当曲柄为主动件时,可将曲柄的圆周运动转变为摇杆的往复摆动(如图4-6所示的破碎机构);当摇杆为主动件时,可将摇杆的往复摆动转变为曲柄的圆周运动。如图4-9中的缝纫机的驱动机构,踏板即为摇杆,曲轴即为曲柄,当踏板作往复摆动时,通过连杆能使曲轴连续转动。

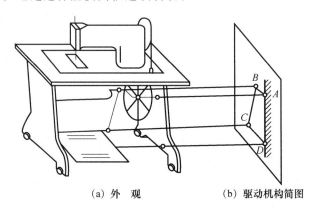

(a) 外 观　　　(b) 驱动机构简图

图 4-9 缝纫机的驱动机构

曲柄摇杆机构具有两个主要特点:

(1) 具有急回特性

如图4-10所示,当曲柄AB为主动件并作等速回转时,摇杆CD为从动件作变速往复摆动。当曲柄AB回转一周,有两次与连杆BC共线,摇杆CD往复摆动各一次,其极限位置C_1D和C_2D的夹角φ称为摇杆的最大摆角(图中虚线所示)。摇杆往复摆过这一φ角时,对应着曲柄的转角分别为α_1和α_2。因为曲柄AB是等速回转,所以α_1与α_2之比就代表了摇杆往复运动所需时间之比。

图中$\alpha_1 > \alpha_2$,因此摇杆往复摆动同样的角度φ所需时间不等。这种从动件往复运动所需时间不等的性质称为急回特性。在实际生产中,利用机构的急回特性,将慢行程作为工作行程,快行程作为空回行程,这样既能满足工作要求,又能提高生产效率。如图4-11所示的牛头刨床,刨床的进给运动是间歇运动,每当刨刀返回后,工作台带动工件进给一次。当轮子绕轴A转动时,轮子上的偏心销B通过杆BC,使带有棘爪的杆CD左右摆动。棘爪推动固定在丝杆上的棘轮,使丝杠产生间歇转动,丝杆驱动固定在工作台内的螺母间歇直线位移,使工作台实现间歇进给运动。

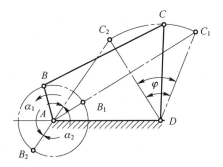

图 4-10 摇杆的最大摆角和死点位置

(2) 存在死点位置

在图4-10中,若以摇杆为主动件,则当摇杆CD到达两极限位置C_1D和C_2D时,连杆和曲柄在一条直线上,摇杆通过连杆加与曲柄的力将通过铰链A的中心,其力矩为零,因此,不能驱使曲柄转动。这两个极限位置称为机构的死点位置。在传动过程中,机构在死点位置会出现运动方向不定或卡死不转的现象,这时,可利用构件(或飞轮)的惯性力及其他措施来克服,如缝纫机的驱动机构在运动中就是依靠飞轮的惯性通过死点的。

2. 双曲柄机构

在四杆机构中,若两连架杆均为曲柄,则该机构称为双曲柄机构。在双曲柄机构中,两曲柄均可作为主动件。根据两曲柄的长度不等或相等的不同结构,其机构的特性亦不同。

① 两曲柄不等长的结构如图 4-12 所示。若以曲柄 AB 为主动件,则当曲柄 AB 转动 $180°$ 至 AB' 时,从动曲柄 CD 则转至 $C'D$,转角为 α_1。当主动曲柄再由 AB' 转动 $180°$ 至 AB 时,则从动曲柄也由 $C'D$ 转回至 CD,转角为 α_2,显然 $\alpha_1 > \alpha_2$。故这种曲柄运动特点是:主动曲柄等速回转一周时,从动曲柄变速回转一周。图 4-13 所示的惯性筛

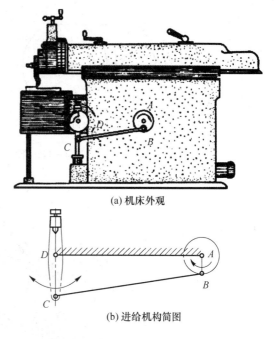

(a) 机床外观

(b) 进给机构简图

图 4-11 牛头刨床的进给机构

就是利用了双曲柄机构的运动特点,使筛子作变速运动,利用被筛物体的惯性,达到筛选的目的。

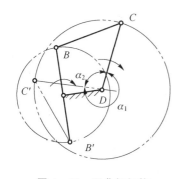

图 4-12 双曲柄机构

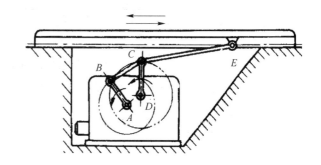

图 4-13 惯性筛

② 两曲柄等长的结构如图 4-14 所示。因为连杆与静杆也等长,故称为平行双曲柄机构。当主动曲柄运行至四杆共线位置时,从动曲柄则出现运动不确定状态,可得到平行双曲柄机构(见图 4-14(a))和反向双曲柄机构(见图 4-14(b))。前者两曲柄的回转方向相同,角速度相等;而后者两曲柄的回转方向相反,角速度不等。由于平行双曲柄机构具有等速转动的特点,故在传动机械中常常采用。图 4-15 所示的机车主动轮联动装置就应用了平行双曲柄机构。为防止驱动机构在运动过程中变成反向双曲柄机构,这里加装了辅助曲柄 EF。

3. 双摇杆机构

在四杆机构中,若两连架杆均为摇杆,则该机构称为双摇杆机构,如图 4-16 所示。在双摇杆机构中,两摇杆均可作为主动件。当连杆与从动摇杆成一直线时,机构处于死点位置。

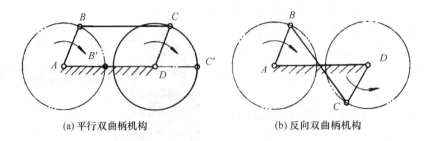

(a) 平行双曲柄机构　　(b) 反向双曲柄机构

图 4-14　平行和反向曲柄机构

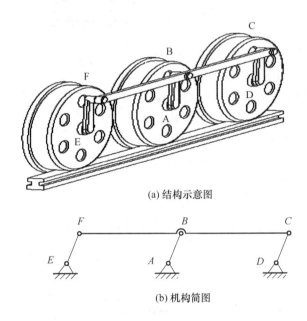

(a) 结构示意图

(b) 机构简图

图 4-15　机车主动轮联动装置

图 4-17 所示的造型机翻台机构采用了双摇杆机构。当摇杆摆动时，可使翻台处于合模和脱模两个工作位置。

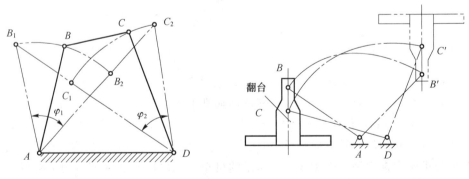

图 4-16　双摇杆机构　　　　图 4-17　造型机翻胎机构

图 4-18 所示的港口起重机也采用了双摇杆机构，以实现货物的水平吊运。

四杆机构之所以有上述三种不同形式，主要原因是与四杆相对长度选取有关。如何区分四杆机构的基本形式，可分二种情况：

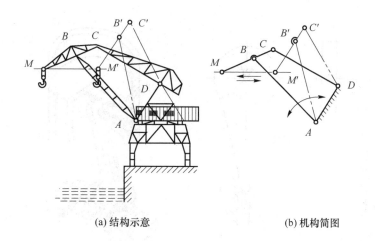

(a) 结构示意　　　　　　　　(b) 机构简图

图 4-18　港口起重机

(1) 最短杆与最长杆长度之和小于或等于其余两杆长度之和

① 最短杆为曲柄时，此机构为曲柄摇杆机构。图 4-15 为机动车主动轮联动装置。图 4-16 为双摇杆机构，图 4-17 为造型机翻胎机构，图 4-18 为港口起重机。

② 最短杆为机架时，此机构为双曲柄机构。

③ 最短杆为连杆时，此机构为双摇杆机构。

(2) 最短杆与最长杆长度之和大于其余两杆之和

此时，则不论取哪一根杆为静杆，都只能构成双摇杆机构。

4.2.2　曲柄滑块机构

曲柄滑块机构是由曲柄、连杆、滑块及机架组成的，当曲柄摇杆机构的一个转动副转化为一个移动副时，该机构就转化成曲柄滑块机构。图 4-19 为曲柄滑块机构简图。在曲柄滑块机构中，若曲柄为主动件，当曲柄作圆周转动时，可通过连杆带动滑块作往复运动；反之，若滑块为主动件，滑块作往复直线运动时，即可通过连杆带动曲柄作圆周转动。

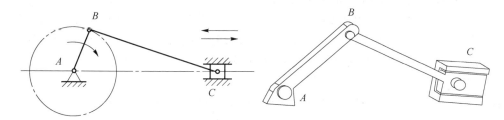

图 4-19　曲柄滑块机构

在曲柄滑块机构中，若滑块与曲柄连在一条直线时，称为对心曲柄滑块机构。当滑块为主动件时，存在死点位置。若滑块与曲柄不在一条直线上时，成为偏置曲柄滑块机构；当滑块为主动件时，具有急回特性。

曲柄滑块机构在各种机械中应用相当广泛。图 4-20 是在曲柄压力机中应用曲柄滑块机构将曲柄转动变为滑块往复直线移动；而图 4-21 是在内燃机中应用曲柄滑块机构将滑块（活塞）往复直线移动变为曲柄转动。

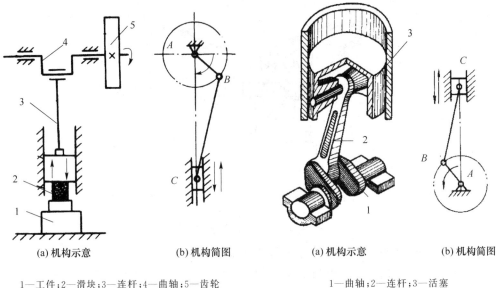

(a) 机构示意　　　　(b) 机构简图　　　　　　　(a) 机构示意　　　　(b) 机构简图

1—工件；2—滑块；3—连杆；4—曲轴；5—齿轮　　　　1—曲轴；2—连杆；3—活塞

图 4-20　压力机中的曲柄滑块机构　　　　　　图 4-21　内燃机中的曲柄滑块机构

4.3　凸轮机构

4.3.1　凸轮机构的应用和特点

凸轮机构是由凸轮、从动件和机架三个基本构件组成，是一种结构十分简单而紧凑的机构。其最大的特点是从动件的运动规律完全取决于凸轮轮廓线的形状。

凸轮机构在机械传动中应用很广，下面介绍几个应用实例。

图 4-22 所示为内燃机气阀机构。当凸轮 1 匀速转动时，其轮廓迫使气阀 2 往复移动，从而按预定时间打开或关闭气门，完成配气动作。

图 4-23 所示为铸造车间造型机的凸轮机构。当凸轮 1 按图示方向转动时，在一时间段内，凸轮轮廓推动滚子 2 使工作台 3 上升；在另一时间段内，凸轮让滚子落下，工作台便自由落下。凸轮连续转动时，工作台便上下往复运动，因碰撞而产生震动，将工作台上砂箱中的砂子震实。

图 4-24 为车床变速机构。当圆柱凸轮 1 转动时，凸轮上的凹槽使拨叉 2 左右移动，从而带动三联滑移齿轮 3 在轴上 Ⅰ 滑动，使它的各个齿轮分别与轴 Ⅱ 上的固定齿啮合，使轴 Ⅱ 得到三种速度。

从上述实例可知，凸轮是一个具有曲线轮廓或凹槽的构件，而图 4-22 的气阀、图 4-23 的工作台、图 4-24 的拨叉都是凸轮机构中的从动杆。

凸轮机构的优点是：只要做出适当的凸轮轮廓，即可使从动杆得到任意预定的运动规律，并且结构简单、紧凑。因此，凸轮机构被广泛地应用在各种自动或半自动的机械设备中。凸轮机构的主要缺点是：凸轮轮廓加工比较困难；凸轮轮廓与从动杆之间是点接触或线接触，容易磨损。所以通常多用于传递动力不大的辅助装置中。

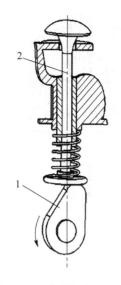

图 4-22 内燃机气阀机构

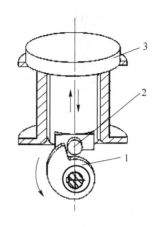

1—凸轮；2—滚子；3—工作台

图 4-23 造型机凸轮机构

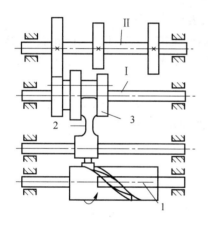

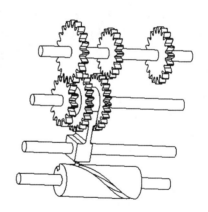

1—圆柱凸轮；2—拨叉；3—三联滑移齿轮

图 4-24 变速操纵机构

4.3.2 凸轮机构的类型

凸轮机构的种类很多，一般分类如下：

1. 按凸轮的形状分

① 盘形凸轮机构：凸轮是一个具有变化半径的圆盘，其从动杆在垂直于凸轮回转轴线的平面内运动(见图 4-22 和图 4-23)。

② 移动凸轮机构：若盘形凸轮的回转半径趋于无穷远时，就成为移动凸轮。在移动凸轮机构中，凸轮作往复直线运动(见图 4-25)。

③ 圆柱凸轮机构：这种凸轮是一具有凹槽或曲形端面的圆柱体(见图 4-24、图 4-26)。

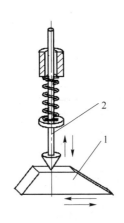
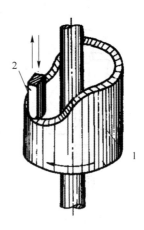

1—凸轮；2—从动杆
图 4-25 移动凸轮机构

1—圆柱凸轮；2—从动杆
图 4-26 圆柱凸轮机构

2. 按从动杆的形式分

① 尖顶从动杆凸轮机构：这种从动杆结构简单(见图4-27(a))，且由于它是以尖顶和凸轮接触，因此对于较复杂的凸轮轮廓也能准确地获得所需要的运动规律，但尖顶容易磨损。它适合于受力不大、低速及要求传动灵敏的场合，如仪表记录仪等。

② 滚子从动杆凸轮机构：这种凸轮机构的从动杆(见图4-27(b))与凸轮表面之间的摩擦阻力小，但结构复杂，噪声大。一般使用于速度不高、载荷较大的场合，如用于各种自动化的生产机械等。

③ 平底从动杆凸轮机构：在这种凸轮机构中，从动杆(见图4-27(c))的底面与凸轮轮廓表面之间是线接触，易形成锲行油膜，能减少磨损，故使用于高速传动。但平底从动杆不能用于具有内凹轮廓曲线的凸轮。

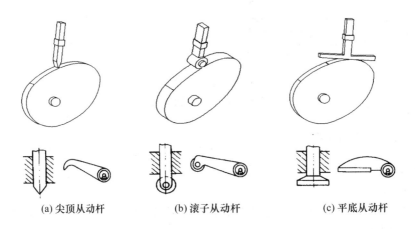

(a) 尖顶从动杆　　　(b) 滚子从动杆　　　(c) 平底从动杆

图 4-27 从动杆的形式

此外，按从动杆的运动方式，凸轮机构还可分为移动从动杆凸轮机构和摆动从动杆凸轮机构。

4.4 螺旋机构

螺旋机构主要是由螺杆、螺母和机架组成,用来旋转运动和直线运动之间的转换,同时传递运动和动力,如图 4-28 所示。

4.4.1 螺旋机构的螺纹

1. 螺纹的类型

根据螺纹截面形状的不同,螺纹分为矩形、梯形、锯齿形和三角形等几种(见图 4-29)。其中,梯形及锯齿形螺纹在螺旋机构中得到广泛的应用;矩形螺纹难于精确制造,故应用较少;三角形螺纹主要用于连接。

根据螺旋线旋绕方向的不同,螺纹可分为右旋和左旋两种(见图 4-30)。当螺纹的轴线垂直于水平面时,正面的螺纹线右高则为右旋

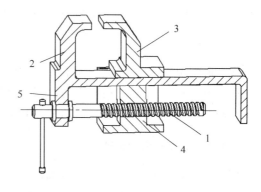

1—螺杆;2—活动钳口;3—固定钳口;4—螺母;5—机架

图 4-28 台虎钳

螺纹(见图 4-30(a)、(c)),反之为左旋螺纹(见图 4-30(b))。一般机械中大多采用右旋螺纹。

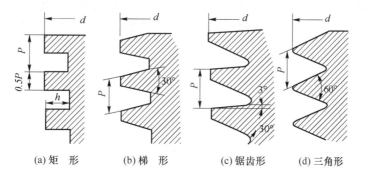

(a) 矩 形　　(b) 梯 形　　(c) 锯齿形　　(d) 三角形

图 4-29 螺纹的牙形

根据螺旋线数目的不同,螺纹还可分为单线、双线、三线和多线等几种。图 4-30 中,图(a)为单线螺纹,图(b)为双线螺纹,图(c)为三线螺纹。

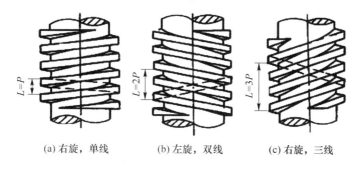

(a) 右旋,单线　　(b) 左旋,双线　　(c) 右旋,三线

图 4-30 螺纹的旋向和线数

2. 螺纹的导程和升角

由图 4-30 可知,螺纹的导程 L 与螺距 P 及线数 n 的关系是

$$L = nP \tag{4-1}$$

在图 4-30 中,若螺纹中径为 d,在一个导程 L 内,将螺纹中经 d 的圆柱面上的螺旋线和周长线分别展开在轴向平面内,则螺旋线为两端高差为 L 斜直线,周长线则为长度为 πd 的水平直线,两条线的夹角 φ 即为螺纹升角,根据几何关系得

$$\tan \varphi = \frac{L}{\pi d} \tag{4-2}$$

在一般情况下,螺纹升角 φ 都较小,当螺杆(或螺母)受到轴向力作用时,无论这个力有多大,螺母(或螺杆)也不会自行松退,这就是螺纹的自锁作用。由于螺旋机构的自琐功能,故在停止传动的情况下,能够实现精确可靠的轴向定位。

4.4.2 螺旋机构的形式

根据螺旋机构的传动方式,可分为两大类。

1. 普通螺旋机构

按螺旋机构三构件之间的运动关系,有下列三种运动状态:
① 螺母固定:丝杆回转并作直线运动,如图 4-31(a)所示的千斤顶;
② 丝杆固定:螺母回转并作直线运动,如插齿机的刀架传动;
③ 丝杆转动:螺母直线运动,如图 4-31(b)所示的车床刀架进给机构。

在螺旋机构的传动中,丝杆(或螺母)每转一周,螺母(或丝杆)移动一个导程。

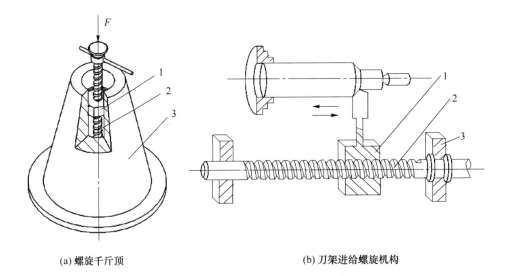

(a) 螺旋千斤顶 (b) 刀架进给螺旋机构

1—螺母;2—螺杆;3—机架
图 4-31 螺旋传动实例

2. 差动螺旋机构

如图 4-32 所示的差动式螺旋机构,螺杆 1 的 A 段螺纹在固定的螺母 3 中转动,螺母 2 不能转动,可在机架的 C 处直线移动,螺杆 1 的 B 段在螺母 2 中转动。设 A 段螺距为 p_A,B 段

螺距为 p_B，若两段螺纹旋向相同，以丝杆 1 为参照物，当丝杆 1 转过 φ 角，螺母 3 相对丝杆 1 后退了 $L_A = p_A(\varphi/2\pi)$，螺母 2 相对丝杆 1 后退了 $L_B = p_B(\varphi/2\pi)$，螺母 2 相对螺母 3 的直线位移为

$$L = L_A - L_B = (p_A - p_B)(\varphi/2\pi) \qquad (4-3)$$

当 p_A 与 p_B 相差很小时，L 就很小，从而达到微调的目的。如若 A、B 两段螺纹旋向相反，则 L 就很大，螺母 2 将出现快速移动，即

$$L = L_A + L_B = (p_A + p_B)(\varphi/2\pi) \qquad (4-4)$$

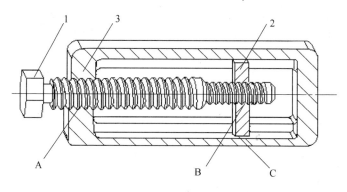

1—螺杆；2—螺母(或滑块)；3—机架(螺母)

图 4-32 差速式螺旋机构

4.5 间歇运动结构

当主动件均匀转动时，而需要从动件产生周期性的运动和停顿时，就可应用间歇运动机构，常见的间歇运动机构有棘轮机构和槽轮机构两种。

4.5.1 棘轮机构

如图 4-33 所示为棘轮机构，主要由棘爪 1、止退棘爪 2、棘轮 3 与机架组成。O_1O_2BA 为曲柄摇杆机构，曲柄 O_1A 均匀转动，摇杆 O_2B 往复摆动。当摇杆 O_2B 向左摆动时，装在摇杆上的棘爪 1 插入棘轮的齿间，并推动棘轮逆时针方向转动。当摇杆 O_2B 向右摆动时，棘爪在齿背上滑过，棘轮则静止不动。这样将摇杆的往复摆动转换为棘轮的单向间歇转动。为了防止棘轮自动反转，采用了止退棘爪 2。

棘轮转角的调节，如图 4-33 和图 4-34 所示。前者是通过转动螺杆 D 改变曲柄 O_1A 的长度，摇杆摆动的角度发生变化时，这时，棘轮转角也随之相应转变。后者是将棘轮装在罩盖 A 内，只需露出部分齿，这样改变罩盖 A 的位置，则不用改变摇杆的摆角 φ，就能使棘轮的转角由 α_1 变成 α_2。

棘轮机构的棘爪与棘轮的牙齿开始接触的瞬间会发生冲击，在工作过程中有噪声，故棘轮机构一般用于主动件速度不大、从动件间歇运动行程需改变的场合，如各种机床和自动机械的进给机构、进料机构以及自动计数器等。

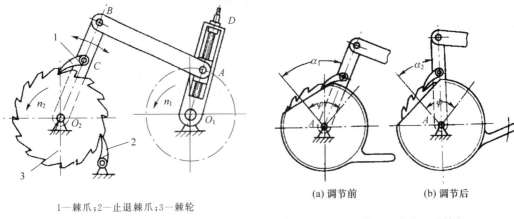

1—棘爪;2—止退棘爪;3—棘轮

图 4-33 棘轮机构

(a) 调节前　　(b) 调节后

图 4-34 调节棘轮的转角

4.5.2 槽轮机构

如图 4-35(a)所示槽轮机构,由拨盘 1、槽轮 2 与机架组成。当拨盘转动时,其上的圆销 A 进入槽轮相对应的槽内,使槽轮转动。当拨盘转过 φ 角时,槽轮转过 α 角(见图 4-35(b)),此时圆销 A 开始离开槽轮。拨盘继续转动时,槽轮上的凹弧 abc(称为锁止弧)与拨盘上的凸弧 def 相接触,此时槽轮不能转动。等到拨盘的圆销 A 再次进入槽轮的另一槽内时,槽轮又开始转动,这样就将主动件(拨盘)的连续转动变为从动件(槽轮)的周期性间歇转动。

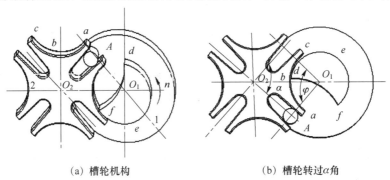

(a) 槽轮机构　　(b) 槽轮转过 α 角

1—拨盘;2—槽轮

图 4-35 槽轮机构

从图 4-35 可以看到,槽轮静止的时间比转动的时间长,若需静止的时间缩短些,则可增加拨盘上圆销的数目。如图 4-36 所示,拨盘上有两个圆销,当拨盘旋转一周时,槽轮转过 2α。

槽轮机构的结构简单,常用于自动机床的换刀装置(见图 4-37)、电影放映机的输片机构等。

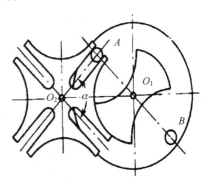

图 4-36 双销槽轮机构

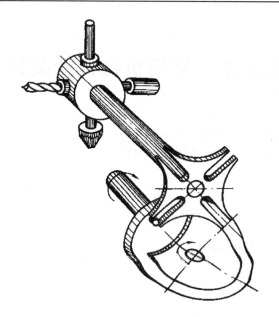

图 4-37 自动机床的换刀装置

练习思考题

4-1 什么是零件、构件、机构？

4-2 什么是运动副？常见的运动副有哪些？

4-3 什么样的机构称为铰链四杆机构？四杆机构有哪几种基本形式？试指出它们的运动特点，并各举一应用实例。

4-4 根据图 4-38 所示注明的尺寸，判断各铰链四杆机构的类型。

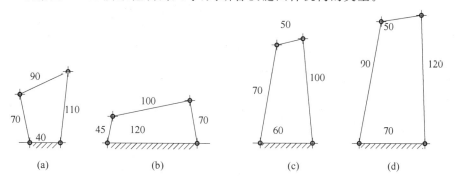

图 4-38 习题 4-4 图

4-5 叙述曲柄滑块机构的组成和运动特点。

4-6 什么是机构的急回特性？

4-7 什么是机构的死点位置？用什么方法可以使机构通过死点位置？

4-8 螺旋机构的主要特点？

4-9 简单介绍棘轮机构和槽轮机构的运动特点。

第 5 章 常用机械传动装置

机械传动装置主要是将主动轴的旋转运动和动力传递给从动轴,且转速的大小和转动方向可以变换。常用的机械传动装置有带传动、链传动、齿轮传动和蜗杆传动等。

5.1 带 传 动

5.1.1 带传动的工作原理和速比

1. 带传动的工作原理

带传动是用挠性传动带做中间体而依靠带与带轮的摩擦力传递运动和动力的一种传动。如图 5-1 所示,带传动一般由主动轮 1、从动轮 2 和传动带 3 组成。工作时,带 3 紧套在 1、2 两轮上,使带与两轮的接触面上产生正压力,当主动轮 1(通常是小轮)转动时,依靠带与轮的摩擦力,驱动传动带运动,而传动带又使从动轮 2 转动。

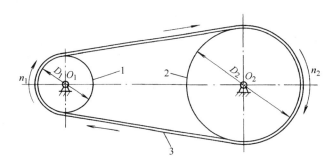

1、2—从动轮;3—传动带

图 5-1 带传动

2. 带传动的传动比

带传动的传动比(也称速比)即:主动轮与从动轮的转速(或角速度)之比,用 i 表示,即

$$i = \frac{n_1}{n_2} = \frac{\omega_1}{\omega_2} \tag{5-1}$$

式中:n_1、n_2 为主、从动轮的转速(r/min);ω_1、ω_2 为主、从动轮的角速度(rad/s)。

带传动工作时,如若带与带轮发生的微小滑动(由于带是挠性体而发生弹性变形)忽略不计时,则主动轮和从动轮的圆周速度相等,即

$$v_1 = v_2$$

因

$$V_1 = \frac{\pi D_1 n_1}{60}; V_2 = \frac{\pi D_2 n_2}{60};$$

故可得带传动的速比计算公式

$$i = \frac{n_1}{n_2} = \frac{\omega_1}{\omega_2} = \frac{D_2}{D_1} \tag{5-2}$$

式中 D 表示带轮的直径。

式(5-2)表明,带传动时两轮的转速与带轮直径成反比。

5.1.2 带传动的特点和类型及失效形式

1. 带传动的优点

① 可适用于两轴距离较远的传动。
② 传动带是挠性体且具有弹性,因而运动平稳,噪声小,有吸振缓冲作用。
③ 过载时,带与带轮之间就会打滑,能起到对机器的保护作用。
④ 结构简单,成本低,安装维护方便。

2. 带传动的缺点

① 结构不够紧凑,外廓尺寸大。
② 不能保证准确的传动速比(工作时存在弹性滑动)。
③ 由于需要施加张紧力,所以轴及轴承受到的不平衡径向力较大。
④ 带的寿命较短,不宜用于高温、易燃的场合。

3. 带传动的类型

在带传动中,根据带的截面形状,可分为平带、V带、多楔带以及圆形带,平带和V带应用比较广泛。平带的结构简单,效率高,制造方便,多用于高速、中心距较远的传动场合。

与平带相比,在同样张紧的情况下,V带在槽面上能产生较大的摩擦力,因此它的传动能力比平带高,这是V带在工作性能上的最大优点。所以,V带可用于中心距较小和传动比较大的场合,结构紧凑。

4. 带传动的失效形式

① 打滑:带传动是依靠摩擦力驱动,当传递的圆周阻力大于带与带轮接触面上所产生的最大摩擦力时,带与带轮就发生打滑而使传动失效。打滑会加剧带的磨损,使转速下降,影响带的正常工作。

② 传动带的疲劳破坏:传动带工作时,带的各个截面所受的应力在不断变化,转速越高,带的长度越短,单位时间内带绕过带轮的次数越多,带的应力变化也就越频繁。长时间工作,带会由于"疲劳"而产生撕裂和脱层,使传动带疲劳失效。

5.1.3 V带及带轮

1. V带的结构和型号

目前,V带在机器中使用最广泛,是一种无接头的环形带。V带已经标准化,其截面结构如图5-2所示,常由包布层1、伸张层2、强力层3和压缩层4组成。

普通V带按截面的基本尺寸从小到大分成Y、Z、A、B、C、D、E七种型号。生产现场中使用最多的是Z、A、B三种型号。新的国家标准还规定,V带的节线长度(即横截面形心连线的长度)为基准长度,以 L_d 表示。普通V带的基准长度 L_d 已经制订了标准系列。在进行带传动计算和选用时,可先按下列公式计算基准长度 L_d 的近似值 L_d',即

$$L_d' = 2a + \frac{\pi}{2}(D_1 + D_2) + \frac{D_1 - D_2}{4a} \tag{5-3}$$

式中:a 为主、从二带轮的中心距;D_1、D_2 为主、从二带轮的基准直径(与基准长度 L_d 相对应的

带轮直径)。

计算出的 L_d' 值按普通 V 带的基准长度系列(GB11544—1997)进行圆整,最后便可确定 L_d 的标准值。

2. 带轮的结构

带轮一般由轮缘、轮辐和轮毂组成(见图 5-3)。带轮的轮辐部分有实心、辐板(或孔板)和椭圆轮辐三种结构。

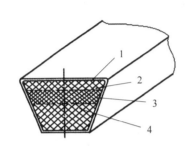

1—包布层;2—伸张层;3—强力层;4—压缩层

图 5-2　V 带的结构图

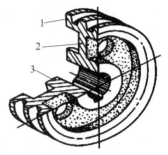

1—轮缘;2—轮辐;3—轮毂

图 5-3　V 带传动的带轮

5.1.4　带传动的张紧装置

传动带与带轮之间具有一定的张紧力,使带传动正常工作。但工作一段时间,传动带通常变得松弛,初拉力减小,传动能力下降。为了改变这种情况,带传动应采用合理的张紧装置,V 带传动常用的张紧装置有调距张紧和张紧轮张紧两种结构。

① 调距张紧:如图 5-4 所示,将安装带轮的电动机 1 装在滑道 2 上,调节螺钉 3 可以移动电动机,使传动带张紧。

在中小功率的带传动中,可采用图 5-5 中的自动张紧装置,将装有带轮的电动机 1 固定在浮动的摆架 2 上,利用电动机的自重调距张紧。

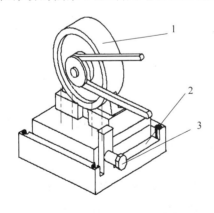

1—电动机;2—滑道;3—调整螺钉

图 5-4　调距张紧装置

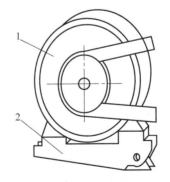

1—电动机;2—摆架

图 5-5　自动张紧装置

图 5-6　张紧轮张紧装置

② 张紧轮张紧:当中心距不能调节时,可采用图 5-6 所示的张紧轮张紧装置。一般应放在松边的内侧,使传动带只受单向弯曲,并尽可能靠近大带轮,以免小带轮的包角太小。

5.2 链传动

5.2.1 链传动及速比

链传动是通过链条把主动轮和从动轮连接的一种挠性传动(见图 5-7)。它依靠链节和链轮轮齿的啮合传递运动和动力。

设某链传动中主动链轮齿数为 z_1、转速 n_1,从动链轮齿数为 z_2、转速 n_2,由于是啮合传动,当主动链轮转过 n_1 周,即转过 $n_1 z_1$ 个齿时,从动链轮就转过 n_2 周,即转过 $n_2 z_2$ 个齿,在单位时间内主动轮与从动轮转过的齿数应相等,即

$$z_1 n_1 = z_2 n_2$$

传动的速比为

$$i = \frac{n_1}{n_2} = \frac{z_2}{z_1} \quad (5-4)$$

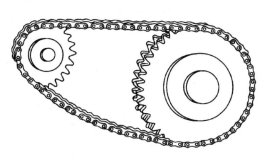

图 5-7 链传动

5.2.2 链传动的特点和应用

1. 链传动的优点

① 无滑动现象,能保持准确的平均传动比。

② 能在两轴相距较远时传递运动和动力。

③ 效率高,约为 0.95~0.98。

2. 链传动的缺点

① 链传动链条铰链易磨损从而出现跳齿。

② 链传动的瞬时转速不相等。

③ 高速传动时不平稳,有噪声。

链传动广泛应用于中心距大、要求平均传动比准确、环境恶劣的场合,目前广泛地应用于农业机械、轻工机械、交通运输机械、国防工业等行业。

5.3 齿轮传动

5.3.1 齿轮传动的概述

齿轮传动是一种依靠轮齿相互啮合而传递运动的传动形式。如图 5-8 所示,当一对齿轮相互啮合而工作时,主动轮 O_1 的轮齿(1,2,3…)通过力 F 的作用逐个地推压从动轮 O_2 的轮齿($1'$,$2'$,$3'$…),使从动轮转动,因而将主动轴的动力和运动传递给从动轴。

1. 齿轮材料

常用的齿轮材料有碳素钢和合金结构钢、铸钢和铸铁、非铁金属和非金属材料等。大多数

齿轮用锻钢做主要材料,一般由含碳量为 0.1%～0.6%的碳素钢或合金钢组成,根据齿面硬度和承载能力分为软齿面齿轮传动(≤350HBS)和硬齿面齿轮传动(>350HBS);铸钢一般用于齿轮较大,轮坯不易锻造时;非金属材料齿轮,主要是为了消除齿轮传动的噪声,常用的有工程塑料、皮革。

2. 齿轮传动的速比

齿轮传动是依靠轮齿的啮合传递运动的,所以主动齿轮每分钟转过的齿数为 $n_1 z_1$,从动齿轮每分钟传过的齿数为 $n_2 z_2$,且两者相等(z 表示齿轮的齿数,n 表示齿轮转速),即

$$z_1 n_1 = z_2 n_2$$

由此可得一对齿轮传动的速比为

$$i = \frac{n_1}{n_2} = \frac{z_2}{z_1} \tag{5-5}$$

式(5-5)表明,在一对齿轮传动中,两轮的转速与它们的齿数成反比。

一对齿轮传动的速比不宜过大,易使结构过于庞大,制造和安装不方便。通常,一对圆柱齿轮传动的速比 $i \leq 5$,一对锥齿轮传动的速比 $i \leq 3$。

由图 5-8 所知,一对齿轮传动时,通过两轮中心线上的节点 P 的一对圆在作纯滚动运动,此二圆称为节圆。设二节圆直径为 d_1 和 d_2,由于两轮在 P 点的圆周速度相同,皆为

$$v_p = \pi d_1 n_1 = \pi d_2 n_2$$

故有

$$i = \frac{n_1}{n_2} = \frac{d_2}{d_1} \tag{5-6}$$

式(5-6)表明,在一对齿轮传动中,两轮的转速与节圆直径成反比。

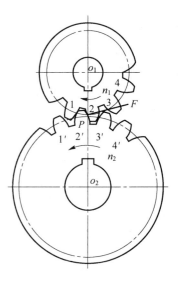

图 5-8 齿轮传动

3. 齿轮传动的特点及应用

齿轮传动的主要优点是:

① 适用的载荷和速度范围大;

② 瞬时传动速比稳定;

③ 传动效率高(一般效率为 0.95～0.98,最高可达 0.99);

④ 工作可靠,寿命长;

⑤ 可用于平行轴、相交轴、交叉轴间的运动传递,结构紧凑,在同样的情况下,齿轮传动需要的空间尺寸较小。

齿轮传动的主要缺点是:

① 要求较高的制造和安装精度,价格贵,且精度较低时在高速运转易产生较大的振动和噪声。

② 不宜用于间距较大的两轴之间的传动。

齿轮传动是机械中应用最广泛的一种传动机构。通常既用于传递动力,又用于传递运动,在仪表中则主要用来传递运动。大部分齿轮传动用于传递回转运动,齿轮齿条传动则可将回转运动变换成直线运动,或者将直线运动变换成回转运动。

4. 齿轮转动的类型

按照齿轮两轴相对位置和齿的倾斜方向,齿轮传动的主要类型、特点及应用如表 5-1 所列。

表 5-1 常用齿轮传动的分类及特点

啮合类别		图例	特点
两轴平行	外啮合直齿圆柱齿轮传动	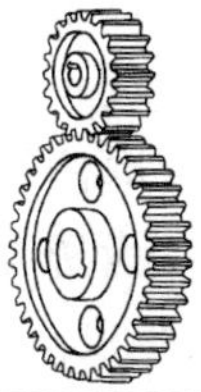	齿轮的两轴线平行,转向相反;工作时无轴向力;传动时,两轴转动方向相反;制造简单;平稳性差,易引起动载荷和噪声;一般用于速度较低的传动
	外啮合斜齿圆柱齿轮传动	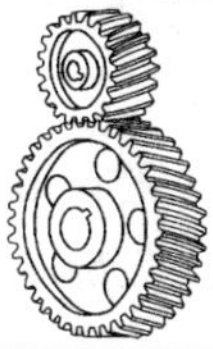	两齿轮转向相反;相啮合的两齿轮其齿轮倾斜方向相反,倾斜角大小相同;传动平稳,噪声小,工作中会产生轴向力,轮齿倾斜角越大,轴向力越大;适合于圆周速度较高的场合($v>2\sim3$ m/s)
	人字齿轮传动	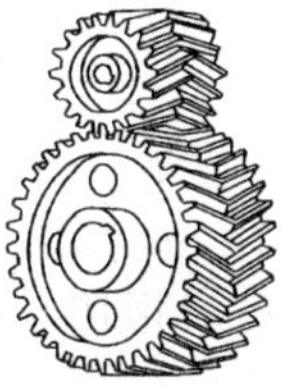	轮齿左右倾斜方向相反,呈"人"字形,因此可以消除斜齿轮因轮齿单向倾斜而产生的轴向力;承载能力高,多用于重载传动
	内啮合圆柱齿轮传动	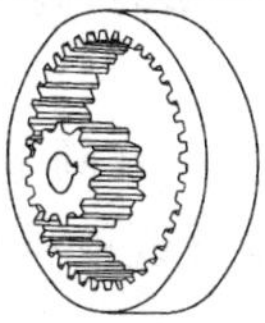	两齿轮的转向相同;结构紧凑,效率高;多用于轮系;轮齿可制成直齿,也可制成斜齿,当制成斜齿时,两轮轮齿倾斜方向相同,倾斜角大小相等
	齿条传动	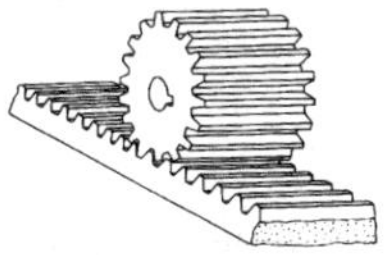	相当于大齿轮直径为无穷大的一对外啮合圆柱齿轮转动;齿轮作回转运动,齿条作直线运动;齿轮一般是直齿,也有制成斜齿的
两轴相交	直齿锥齿轮传动	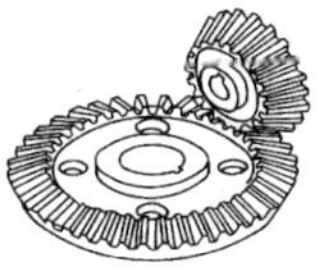	齿轮排列在圆锥体表面上,其方向与圆锥的母线一致;制造安装方便;一般用在两轴线相交成 90°且速度低载荷小的场合
	曲线齿锥齿轮传动	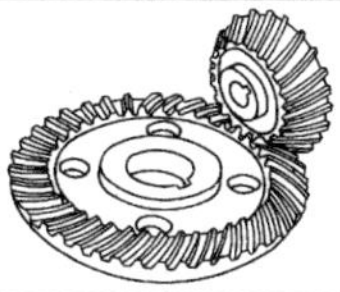	一对曲线齿锥齿轮,同时啮合的齿数比直齿圆锥齿轮多,啮合过程不易产生冲击,传动较平稳;承载能力大
两轴交错	交错轴斜齿轮传动		两轴线交错且两齿轮点接触,效率低,磨损严重

5.3.2 渐开线齿廓曲线

齿轮传动最基本的要求是传动准确,平稳,即要求它的角速比(即两轮角速度的比值 ω_1/ω_2)必须保持不变,以免齿轮工作中产生冲击和噪声。实际上,大多数机械设备都要求其中的齿轮传动能保持瞬时传动比不变。当然,就转过整个的周数而言,不论轮齿的齿廓形状如何,齿轮传动的转速比是不变的,即与它们的齿数成反比,但若欲使其每一瞬间的速比(如角速比 ω_1/ω_2)都保持恒定不变,则必须选用适当的齿廓曲线,即两齿轮廓不论在何位置接触,过接触点的公法线必须与两轮的轴心连线交与定点(齿廓啮合定律)。在理论上,可以设计出多种这样的齿廓曲线,但是考虑到生产制造、安装及强度等要求,目前以渐开线齿廓应用较多,其他的有摆线、圆弧齿廓。本章只讨论渐开线齿轮传动。

1. 渐开线的形成

如图 5-9 所示,一直线 AB 与半径为 r_b 的圆相切,当直线沿该圆作纯滚动时,直线上任意一点 K 的轨迹 CD 称为该圆的渐开线。该圆称为渐开线的基圆,r_b 为基圆半径,而 AB 称为渐开线的发生线。

2. 通过渐开线的形成过程所具有的性质

① 发生线在基圆上滚过的线段长度 NK 等于基圆上被滚过的一段弧长 NC,即

$$NK = \overset{\frown}{NC}$$

② 渐开线上任意一点 K 的法线必与基圆相切,同一基圆上的渐开线形状完全相同。由图 5-9 可见:渐开线上各点的曲率半径是变化的,离基圆越远,其曲率半径就越大,渐开线就越趋平直。

③ 渐开线的形状决定于基圆的大小,同一基圆上的渐开线形状完全相同。由图 5-8 可见:基圆越小,渐开线越弯曲;基圆越大,渐开线就越平直;当基圆半径趋于无穷大时,渐开线就成为一条直线(此时,齿轮就变成了齿条)。

④ 基圆内无渐开线。

3. 渐开线齿廓的压力角

在一对齿轮啮合过程中,齿廓接触点的法向压力和齿廓上该点的速度方向的夹角,称为齿廓在这一点的压力角。

如图 5-10 所示,两齿轮渐开线齿廓啮合于 K 点,它的正压力 F 的方向与渐开线绕基圆圆心 O 转动时该点速度 v_K 的方向所夹的锐角,称为齿廓在 K 点的压力角,以 α_K 表示。

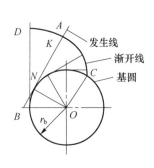

图 5-9 渐开线的形成图

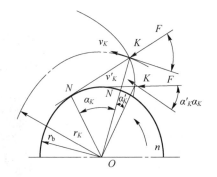

图 5-10 渐开线齿廓的压力角

由图 5-10 可知 $\angle NOK = \alpha_K$,而

$$\cos \alpha_K = \frac{ON}{OK} = \frac{r_b}{r_K} \tag{5-7}$$

或

$$\alpha_K = \arccos \frac{r_b}{r_K}$$

式(5-7)可知,渐开线上的压力角各不相等,离基圆越远,压力角越大(基圆半径 r_b 是常数,离基圆越远,r_K 越大)。

5.3.3 直齿圆柱齿轮各部分名称和基本尺寸

图 5-11 所示渐开线直齿圆柱齿轮各部分的名称及几何关系如下:

① 齿顶圆:连接各轮齿齿顶的圆称为齿顶圆,齿顶圆直径以 d_a 表示。

② 齿根圆:过轮齿各齿槽底部所做的圆称为齿根圆,齿根圆直径以 d_f 表示。

③ 齿厚与齿槽宽:一个轮齿上两侧齿廓在某圆上截取的弧长称为该圆上的齿厚,以 s_x 表示;而齿槽两侧齿廓之间的弧长则称为该圆上的齿槽宽,以 e_x 表示。

④ 齿距:在任意直径 d_x 的圆周上,相邻两齿的对应点之间的弧长称为该圆的齿距以 p_x 表示,显然存在如下关系,即

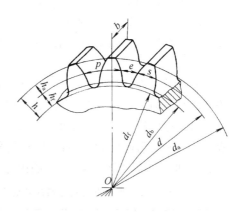

图 5-11 直齿圆柱齿轮各部分的名称和尺寸

$$p_x = s_x + e_x = \frac{\pi d_x}{z} \tag{5-8}$$

⑤ 分度圆:分度圆是齿轮上一个特定的圆,其直径以 d 表示,在其上齿厚和齿槽宽相等,即

$$d = \frac{p}{\pi} z \tag{5-9}$$

若 s 和 e 分别表示分度圆上的齿厚与齿槽宽,则在标准齿轮中,有

$$s = e = \frac{p}{2} \tag{5-10}$$

⑥ 分度圆模数:由式(5-9)可见,在不同直径的圆周上,p/π 的值不同,为无理数。由于计算和测量都很不方便,故通常将比值 p/π 规定为标准值,称为模数,以 m 表示,即

$$m = \frac{p}{\pi} \tag{5-11}$$

于是得

$$d = mz \tag{5-12}$$

模数是齿轮尺寸计算中的一个重要的基本参数,其单位为 mm。齿数相同的齿轮,模数越大,轮齿也越大,齿轮抗弯强度越高。我国已制订出齿轮模数标准系列。

⑦ 分度圆压力角:渐开线上各点的压力角大小不等,通常取分度圆上的压力角称为分度圆压力角。

分度圆上的压力角规定为标准值,我国规定标准压力角为 20°和 15°。分度圆压力角为 20°,这表明,齿廓曲线是渐开线上压力角为 20°左右的一段,而不是任意的渐开线线段。

⑧ 全齿高、齿顶高、齿根高和顶隙:在齿轮上(见图 5-11),齿顶圆与齿根圆之间的径向距离称为全齿高,以 h 表示;齿顶圆与分度圆之间的径向距离称为齿顶高,以 h_a 表示;齿根圆与分度圆之间的径向距离称为齿根高,以 h_f 表示。显然

$$h = h_a + h_f \tag{5-13}$$

如果用模数表示,则齿顶高和齿根高可分别写为

$$h_a = h_a^* m \tag{5-14}$$

$$h_f = h_a + c = (h_a^* + c^*)m \tag{5-15}$$

式中:h_a^* 为齿顶高系数;c^* 为顶隙系数。

h_a^* 和 c^* 已经标准化了,对于正常齿,$h_a^* = 1, c^* = 0.25$;对于短齿,$h_a^* = 0.8, c^* = 0.3$。

在式(5-15)中,齿顶高与齿根高的差值 c 称为顶隙,其值为

$$c = c^* m$$

当一对齿轮啮合(见图 5-8)时,由于顶隙 c 的存在,一个齿轮的齿顶就不会与另一个齿轮的齿槽底部相抵触,并且顶隙还可以储存润滑油,有利于齿面的润滑。

⑨ 齿宽:轮齿两端面之间的距离称为齿宽,以 b 表示。

表 5-2 列出了标准渐开线直齿圆柱齿轮几何尺寸的计算公式。这里所说的标准齿轮是指 m、a、h_a^* 和 c^* 都是标准值且 $e = s$ 的齿轮。

表 5-2 标准直齿圆柱齿轮几何尺寸的计算公式($h_a^* = 1, c^* = 0.25, a = 20°$)

名 称	代 号	计算公式
模 数	m	根据强度和结构要求确定,取标准值
齿 距	p	$p = \pi m$
齿 厚	s	$s = \dfrac{p}{2} = \dfrac{\pi m}{2}$
齿槽宽	e	$e = \dfrac{p}{2} = \dfrac{\pi m}{2}$
分度圆直径	d	$d = mz$
齿顶高	h_a	$h_a = h_a^* m = m$
齿根高	h_f	$h_f = (h_a^* + c^*)m = 1.25m$
全齿高	h	$h = h_a + h_f = (2h_a^* + c^*)m = 2.25m$
齿顶圆直径	d_a	$d_a = d + 2h_a = m(z + 2)$
齿根圆直径	d_f	$d_f = d - 2h_f = m(z - 2.5)$
齿 宽	b	由强度和结构要求确定,一般变速箱换挡齿轮:$b = (6 - 8)m$,减速器齿轮:$b = (10 - 12)m$
中心距	a	$a = \dfrac{d_1 + d_2}{2} = \dfrac{m}{2}(z_1 + z_2) = \dfrac{mz}{2}(1 + i)$

5.3.4 斜齿圆柱齿轮传动和锥齿轮传动的特点及应用

1. 斜齿圆柱齿轮传动的特点及应用

将一个直齿圆柱齿轮沿轴线垂直分成若干个单元,每个单元体依次扭转一个角度,便得到斜齿圆柱齿轮(又称斜齿轮),其轮齿形状的变化如图5-12所示。

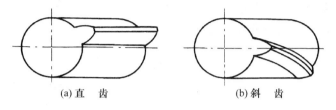

图 5-12 斜齿与直齿的比较

图5-13是一斜齿轮沿分度圆柱面的展开图,其中带剖面线部分表示齿厚,空白部分表示齿槽,角 β 为齿轮的螺旋角。β 角越大,则轮齿倾斜越大;当 $\beta=0$ 时,该齿轮就是直齿圆柱齿轮。所以螺旋角 β 是斜齿圆柱齿轮的一个重要参数。

一对直齿圆柱齿轮在啮合传动过程中,由于轮齿齿面上的接触线都是平行于轴线的直线(见图5-14(a)),因此,全齿宽同时进入和退出啮合。当进入啮合时,轮齿开始就会突然承受载荷,退出啮合时突然卸载,故传动的平稳性差,易发生冲击。

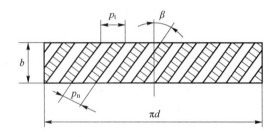

图 5-13 斜齿轮沿分度圆柱面展开

斜齿圆柱齿轮在啮合传动过程中,因为轮齿是倾斜的,轮齿的接触线都是与轴线不平行的斜线(见图5-14(b))。从啮合开始起,接触线长度由零逐渐增大的进入啮合,到某一位置后又逐渐减小退去啮合。因此,轮齿受力的突增或突减情况有所减轻,传动较为平稳。

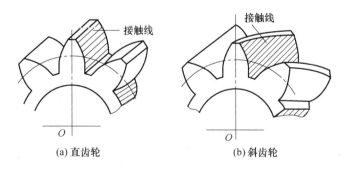

图 5-14 齿轮接触线

总之,斜齿圆柱齿轮传动有以下特点:
① 平稳性和承载能力都优于直齿圆柱齿轮传动,适用于高速和重载的传动场合。
② 斜齿圆柱齿轮承受载荷时会产生附加的轴向分力,而且螺旋角越大,轴向分力也越大,这是不利的方面。改用人字齿轮(见表5-2)可以消除附加轴向力,因此人字齿轮适用于传递

大功率的重型机械中。

2. 锥齿轮传动的特点及啮合条件

锥齿轮用于传动两相交轴之间的运动和动力(见表 5-2)。两轴的夹角可以是任意的,但通常是 90°。锥齿轮有直齿、曲线齿和斜齿三种,由于直齿锥齿轮的设计、制造和安装较简单,故应用较广泛。

圆柱齿轮的轮齿分布在圆柱面上,而锥齿轮的轮齿分布在圆锥面上。因此齿形从大端到小端逐渐缩小(见图 5-15),有分度锥、齿顶、齿根锥。锥齿轮的大小端参数不同,国家标准规定大端为标准值。

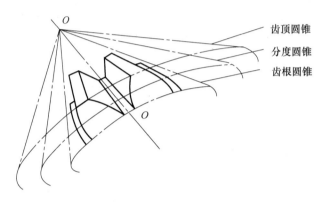

图 5-15 锥齿轮的轮齿分布

一对直齿锥齿轮的啮合,相当于一对当量齿轮啮合,正确啮合条件为两齿轮的大端模数 m 和压力角 a 分别相等,即

$$m_1 = m_2 = m$$
$$a_1 = a_2 = a$$

5.3.5 齿轮传动轮系速比的计算

在机械中,为了使主动轴(输入轴)的一种转速变为从动轴(输出轴)的多种转速,或者获得大的传动比,采用一系列相互啮合的齿轮来传递运动,这种用多对齿轮组成的传动系统称为轮系。

1. 轮系的类型和作用

(1) 传动时各齿轮的轴线在空间的相对位置是否固定的轮系类型

① 定轴轮系:在传动时,若轮系中所有齿轮的回转轴线都是固定的,则这种轮系称为定轴轮系(或普通轮系)。

② 周转轮系:在传动时,若轮系中至少有一个齿轮的回转轴线的位置不固定,即绕另一个定轴齿轮的轴线回转,则这种轮系称为周转轮系。

(2) 轮系的作用

① 实现大的传动比:为了避免两个齿轮直径过大,使两轮的寿命相差较大,需获得较大传动比时采用轮系。

② 实现较远距离的传动:当两轴线距离较大时,用一系列齿轮啮合传动代替一对齿轮传动,可使齿轮尺寸变小,结构紧凑。

③ 得到多种传动速比：如汽车后桥的变速箱里的滑移齿轮变速系统。
④ 改变从动轴的转向：如机床上三星齿轮换向机构。
⑤ 实现运动的合成和分解。

2. 定轴轮系速比的计算

轮系的传动比是指轮系中的主动轮（首轮）与从动轮（末轮）的速动之比，一般要确定从动轮的转动方向。

最基本的定轴轮系是由一对齿轮所组成的，其传动速比为

$$i_{12} = \frac{n_1}{n_2} = \pm \frac{z_2}{z_1}$$

式中：n_1、n_2 分别表示主动轮（或主动轴）和从动轮（或从动轴）的转速，z_1、z_2 分别表示主动轮和从动轮的齿数，一对外啮合齿轮的转向相反，上式取"—"号；一对内啮合齿轮转向相同，上式取"+"号。

图 5-16 所示轮系速比的计算是：若图中各齿轮的齿数为已知，则可求得各对齿轮的速比为

$$i_{12} = \frac{n_1}{n_2} = -\frac{z_2}{z_1}, \quad i_{2'3} = \frac{n_{2'}}{n_3} = \frac{z_3}{z_{2'}}, \quad i_{3'4} = \frac{n_{3'}}{n_4} = -\frac{z_4}{z_{3'}}, \quad i_{45} = \frac{n_4}{n_5} = -\frac{z_5}{z_4}$$

将以上各式等号两边连乘后得

$$i_{12} i_{2'3} i_{3'4} i_{45} = \frac{n_1}{n_2} \times \frac{n_{2'}}{n_3} \times \frac{n_{3'}}{n_4} \times \frac{n_{4'}}{n_5} = \left(-\frac{z_2}{z_1}\right)\left(\frac{z_3}{z_{2'}}\right)\left(-\frac{z_4}{z_{3'}}\right)\left(-\frac{z_5}{z_4}\right)$$

因为 $n_2 = n_{2'}$，$n_3 = n_{3'}$，故

$$i_{15} = i_{12} i_{2'3} i_{3'4} i_{45} = \frac{n_1}{n_5} = (-1)^3 \frac{z_2 z_3 z_4 z_5}{z_1 z_{2'} z_{3'} z_4} \tag{5-16}$$

由上可知，定轴轮系的首、末两轮的传动比等于组成该轮系各对啮合齿轮传动比的连乘积，还等于该轮系中所有从动轮齿数连乘积与所有主动轮齿数连乘积的比值，即

$$i_{主从} = \frac{n_主}{n_从} = (-1)^n \frac{各从动轮齿数的乘积}{各主动轮齿数的乘积} \tag{5-17}$$

式中，指数 n 表示定轴轮系中外啮合齿轮的对数。

在图 5-16 所示的轮系中，齿轮 4 与齿轮 3′ 和 5 同时啮合。与齿轮 3′ 啮合时，齿轮 4 为从动轮；与齿轮 5 啮合时，齿轮 4 为主动轮。因此，在计算式中，分子分母中的 z_4 可以抵消，说明齿轮 4 不影响传动比大小。由于它，增加了一次外啮合次数，改变了末轮的转向，这种齿轮称为惰轮。

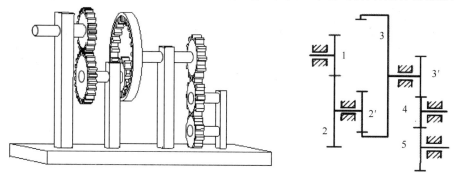

图 5-16 定轴轮系

3. 周转轮系速比的计算

定轴轮系中各齿轮的运动是绕定轴回转,而周转轮系至少有一个齿轮的轴线是不固定的,它绕着另一固定轴线回转,这个齿轮既作自转又作公转的复杂运动。故周转轮系各齿轮间的运动关系就和定轴轮系不同,速比的计算方法也就和定轴轮系不一样。为了计算周转轮系的速比,首先应弄清周转轮系的组成和运动特点。

(1) 周转轮系的组成

在图 5-17 所示的周转轮系中,轮 1 绕固定轴线 O-O 回转,这种绕固定轴回转的齿轮称为中心轮或太阳轮;构件 H 带着齿轮 2 的轴线绕中心轮的轴线回转,这种具有运动几何轴线的齿轮称为行星轮,而构件 H 称为系杆或转臂。

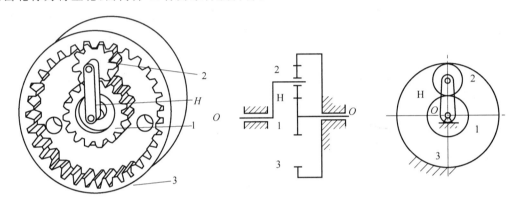

图 5-17 周转轮系

(2) 周转轮系速比的计算

图 5-18(a)中,齿轮 1、3 为中心轮,齿轮 2 为行星轮,构件 H 为系杆。由于周转轮系中系杆是转动的,因此传动比不能用定轴轮系的计算。但根据相对运动原理可知,给整个轮系加上一个与系杆 H 转速 n_H 大小相等,方向相反的转速($-n_H$),则轮系的相对运动关系保持不变。这样由于加上"$-n_H$"后,系杆 H 就可看作固定不动,周转轮系也就转化为定轴轮系。

经转化而得到的假定定轴轮系,称为周转轮系的转化机构(见图 5-18(a))。

当轮系加上公共转速"$-n_H$"后,各构件的转速变化见图 5-18(b)。

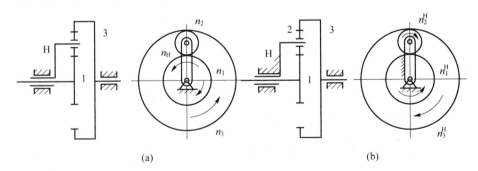

图 5-18 周转轮系的转化

转化完成后就可以根据定轴轮系的方法计算传动比,即

$$i_{13}^H = \frac{n_1^H}{n_3^H} = \frac{n_1 - n_H}{n_3 - n_H} = (-1)\frac{z_2 z_3}{z_1 z_2} = -\frac{z_3}{z_1} \tag{5-18}$$

从式(5-18)可知,当给定转速 n_1、n_2、n_H 中的任意两个后,则第三个转速即可求得。正负号的确定要考虑各构件的转向,如已知的两构件(即给定转速的)转向相反,则用负号。

写成一般式为

$$i_{GK}^H = \frac{n_G - n_H}{n_K - n_H} = (-1)^m \frac{\text{从齿轮 G~K 间所有从动轮齿数连乘积}}{\text{从齿轮 G~K 间所有主动轮齿数连乘积}} \quad (5-19)$$

式中:n_G,n_K 为周转轮系中任意两个齿轮 G 和 K 的转速,m 为齿轮 G~K 间外啮合的次数。

5.4 蜗杆传动

5.4.1 蜗杆传动原理及其速比计算

蜗杆传动由蜗杆 1 和蜗轮 2 组成(见图 5-19),用于传递空间两交错轴之间的运动和动力,蜗杆为主动件,两轴通常在空间交错成 90°角。

蜗杆传动中,蜗轮转向的判定方法:把蜗杆传动看做一螺旋机构,蜗杆相当于螺杆,螺旋机构中螺母移动的方向就是涡轮在啮合点的圆周速度的方向,据此即可判定蜗轮的转动方向(见图 5-19)。

常用的普通蜗杆,形状如同圆柱形螺旋,其螺纹有左旋、右旋和单头、多头之分。蜗轮是一个轮齿沿齿宽方向制成圆弧形的斜齿轮。

5.4.2 蜗杆传动的速比及特点

如图 5-19 所示,蜗杆的转速为 n_1,头数 z_1,蜗轮的转速为 n_2,齿数为 z_2。在节点处,蜗轮每分钟有 $n_2 z_2$ 个齿经过节点,蜗杆每分钟有 $n_1 z_1$ 个齿经过节点。在啮合过程中,两转过的齿数相等,即

$$n_1 z_1 = n_2 z_2$$

所以传动比

$$i = \frac{n_1}{n_2} = \frac{z_2}{z_1}$$

蜗杆传动有如下主要特点:

① 传动比大:在传递动力时,传动比一般为 10~80,在分度机构中传动比可达 300~1 000,故结构紧凑。

② 工作平稳:由于蜗杆的齿是连续的螺旋线形齿,工作平稳。

③ 有自锁作用:当蜗杆的导程角小于当量摩擦角时,只有蜗杆能驱动蜗轮,蜗轮却不能驱动蜗杆,所以它有自锁作用。

④ 效率低:蜗杆传动工作时滑动速度大,摩擦剧烈,产生严重的磨损易发生胶合,效率较低(一般效率 $\eta = 0.7 \sim 0.9$)。

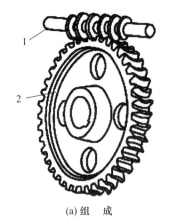 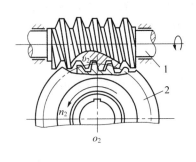

(a) 组　成　　　　　　　　　(b) 蜗轮转向的确定

1—蜗杆；2—蜗轮

图 5-19　蜗杆传动

练习思考题

5-1　什么是速比？带传动的速比如何计算？

5-2　说明带传动的工作原理和特点。

5-3　与平带传动相比较，V带传动为何能得到更为广泛的应用？

5-4　带传动为什么要设张紧装置？V带传动常采用何种形式的张紧装置？

5-5　链传动的主要特点是什么？链传动适用于什么场合？

5-6　齿轮传动的速比如何计算？

5-7　与带传动相比较，齿轮传动有哪些优缺点？

5-8　齿轮的齿廓曲线为什么必须具有适当的形状？渐开线齿轮有什么优点？

5-9　齿轮的齿距和模数表示什么？

5-10　什么是齿轮传动的节圆？什么是齿轮的分度圆？对于一对齿轮的啮合传动，它们的分度圆和节圆是否重合？

5-11　一对标准直齿圆柱齿轮的正确啮合条件是什么？

5-12　已知一标准直齿圆柱齿轮传动的中心距 $a=250$ mm，模数 $m=5$ mm，主动轮齿数 $z_1=20$，转速 $n_1=1\,450$ r/min。试求从动轮的齿数、转速及传动速比。

5-13　已知一标准直齿圆柱齿轮传动，其速比 $i=3.5$，模数 $m=4$ mm，二轮齿数之和 $z_1+z_2=99$。试求两轮分度圆直径和传动中心距。

5-14　与直齿圆柱齿轮相比较，斜齿轮的主要优缺点是什么？

5-15　锥齿轮传动一般适用于什么场合？

第6章 轴、轴承、联轴器与离合器

6.1 轴

轴是机器中的一个重要零件,主要用轴支承转动零件,使其具有确定的位置(齿轮、凸轮等)和传递动力。

6.1.1 轴的分类

按照轴的不同用途和承受载荷情况,常用的轴可分为三类:
① 心轴 这类轴只起支承旋转零件的作用,如图 6-1 所示。
② 转轴 这类轴用来支承旋转零件并传递转矩,如图 6-2 中的轴所示。
③ 传动轴 这类轴不支承旋转零件,只传递转矩,一般为通轴。

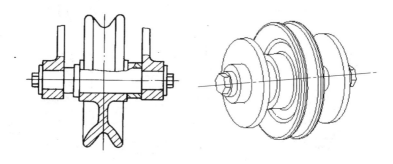

图 6-1 滑轮心轴

此外按照轴的结构形状,轴还可分为直轴、曲轴(见图 4-1 中的内燃机曲轴)和挠性钢丝轴。

6.1.2 轴的材料

轴工作时所产生的应力大多是循环变应力,所以轴的损坏多为疲劳损坏。因此要求轴的材料具有高的机械强度和韧性,对应力集中的敏感度小,良好的工艺性和耐磨性。

轴的材料主要是碳素钢和合金钢。碳素钢具有良好的综合机械性能,价廉,应力集中敏感度小,应用较多。常用的有 30 号、40 号、45 号和 50 号优质碳素钢,45 号钢最常用。为保证力学性能,应进行调质或正火处理。对于载荷小或不重要的轴,不必热处理,采用普通的碳素钢如 Q235 即可。

合金钢具有较高的力学性能,但价格较贵。常用于载荷较大,要求强度、尺寸紧凑和耐磨性要求较高的情况下。常用的有 20Cr、40MnB 和 40Cr 等,仍需热处理。采用合金钢代替碳素钢并不能提高轴的刚度,因为其弹性模量相差不大。

轴的材料也可以用球墨铸铁,它具有良好的耐磨性和吸振性,而且价格便宜。但是强度、韧性较低。

图6-2是一种常见的转轴部件结构示例,轴的合理结构,除了根据受力情况设计合理的尺寸形状以使其具备必要的抗破坏、搞变形能力外,还必须满足下列要求:轴上零件和轴要能实现可靠的定位和坚固;应便于加工制造、装拆和调整;尺寸变化时,要有过度圆角,尽量减少应力集中。

1. 零件在轴上的固定

零件在轴上的轴向固定的方法有轴肩(见图6-2(b)、(e)、弹性挡圈(见图6-2(d))、套筒(图6-2(g))、螺母(见图6-2(h)、(j))、圆锥表面(见图6-2(i))等方法。

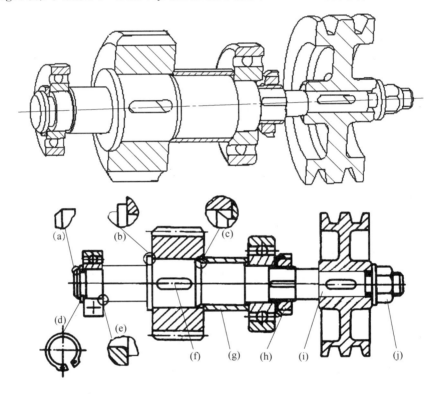

图6-2 轴的典型结构

零件在轴上的周向定位是防止零件与轴产生相对转动。可采用键连接(见图6-2(f))、花键连接(见图6-3)、销钉连接、过盈配合等方法。

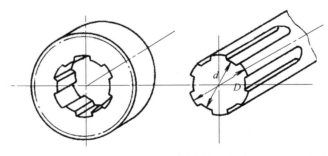

图6-3 花键连接

2. 便于轴的制造、装拆和调整

为了便于装配,轴通常加工成阶梯轴;若轴上有几个键槽时,应将各键槽布置在一条线上。图 6-3 为花键连接图。

6.2 轴　承

轴承是支承轴及轴上零件的常用部件。其功用有二:一为支承轴及其轴上的零件,并保持轴的旋转精度;二为减少转轴与支承之间的摩擦和磨损。按照轴承受载荷的方向,轴承可分为向心轴承、推力轴承和向心推力轴承。轴承根据工作的摩擦性质,可分为滑动摩擦轴承和滚动摩擦轴承。滚动轴承摩擦系数小,已标准化,使用维护方便,在机械中较常用,滑动轴承摩擦系数大,维护较复杂,适宜重载高速工况。

6.2.1　滑动轴承

1. 滑动轴承的特点和应用

滑动轴承工作时轴颈与轴承表面是面接触,且其接触面有一层油膜,所以具有承载能力大、噪声低、工作平稳、抗冲击、回转精度高等优点。

滑动轴承在内燃机、汽轮机、铁路机车和机床等设备中常用。

2. 滑动轴承的结构

如图 6-4 所示,滑动轴承由轴承座 1(或壳体)和整体轴套(主要是轴瓦 2)组成,这里,图 6-4(a)、(b)、(c)分别表示向心滑动轴承、推力滑动轴承和向心推力滑动轴承。

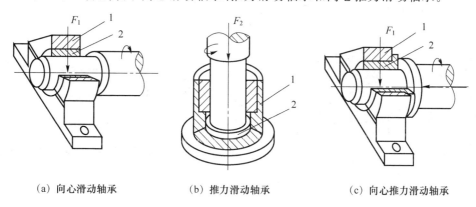

(a) 向心滑动轴承　　　　(b) 推力滑动轴承　　　　(c) 向心推力滑动轴承

图 6-4　滑动轴承的组成

在滑动轴承中,向心滑动轴承应用最广泛。向心滑动轴承有两种主要结构形式:

① 整体式向心滑动轴承:整体式向心滑动轴承(见图 6-5)是在机架(或壳体)上直接制孔并在孔内镶以筒形轴瓦组合而成。它的优点是结构简单,成本低廉;缺点是轴套磨损后,无法调整轴承间隙,必须更换新轴瓦,轴颈的安装和拆卸不方便。这种轴承多用于轻载、低

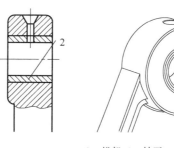

1—机架;2—轴瓦

图 6-5　整体式向心滑动轴承

速或间歇工作的场合。

② 剖分式向心滑动轴承：图6-6所示为一种普通的剖分式向心滑动轴承，它主要由轴承座、轴承盖及上、下轴瓦等组成，轴承盖和轴承座之间用两个螺栓连接。安装和拆卸方便，轴瓦磨损后，可以调整垫片的厚度来调整间隙，因此得到广泛的应用并已标准化。

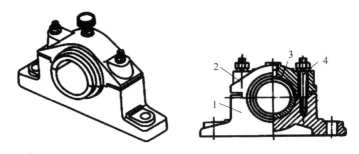

1—轴承座；2—轴承盖；3—轴瓦；4—螺栓

图6-6 剖分式向心滑动轴承

6.2.2 滚动轴承

1. 滚动轴承的结构

滚动轴承的结构如图6-7所示，由外圈1、内圈2、滚动体3和保持架4等组成。内、外圈分别与轴颈和轴承座孔配合，外圈通常固定，内圈转动；内、外圈上的凹槽形成滚道；保持架的作用是均匀地把滚动体隔开；滚动体是滚动轴承的主体，它的大小、数量和形状与轴承的承载能力密切相关，滚动体的形状如图6-8所示。

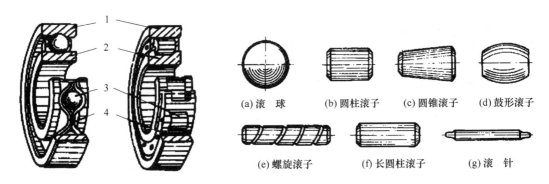

1—外圈；2—内圈；3—滚动体；4—保持架

图6-7 滚动轴承的构造　　　　　图6-8 滚动体的形式

2. 滚动轴承的优缺点

(1) 与滑动轴承相比，滚动轴承的主要优点

① 产品标准化，具有较好的通用性和互换性。

② 摩擦阻力小，精度高，效率高，维护保养方便。

③ 轴承径向间隙小，并且可用预紧的方法调整间隙，以提高旋转精度。

④ 部分型号滚动轴承可同时承受径向载荷与轴向载荷，轴向尺寸小，故可使机器结构简化、紧凑。

(2) 滚动轴承的主要缺点

① 抗冲击性能差,高速时噪声大,工作寿命较低。

② 大多数轴承径向尺寸大。

3. 滚动轴承的类型及代号

在实际应用中,滚动轴承的结构类型很多,现将常用的滚动轴承类型、特点和应用场合列于表 6-1 中。

表 6-1 常用滚动轴承类型、特点和应用

类型及其代号	结构简图	性能特点	适用条件及举例
单列向心球轴承		主要承受径向负荷,也可承受少许轴向负荷(双向),结构简单,摩擦系数小,极限转速高;但要求轴的刚度大,承受冲击能力差	常用于小功率的电动机、齿轮变速箱等
双向向心球面球轴承(调心轴承)		不能承受纯轴向负荷,能自动调心	适用于多支点传动轴、刚性小的轴以及难以对中的轴
单列向心短圆柱滚子轴承		只能承受纯径向负荷,承载能力比同尺寸的球轴承大,耐冲击能力较强,允许内外圈有微量的相对轴向移动,但不允许偏斜	适用于刚性较大,对中良好的轴。常用于大功率电动机、人字齿轮减速器上
单列向心推力球轴承		能承受径向及单向的轴向负荷,α 角愈大,承受轴向负荷的能力愈大,极限转速高	常用于转速较高、刚性较好、并同时承受轴向和径向负荷的轴上(通常成对使用),如机床主轴、涡轮减速器等
单列圆锥滚子轴承($\alpha=28°48'39''$) 其他 ($\alpha=10°\sim18°$)		能承受较大的径向和轴向负荷,内、外圈可分离,游隙可调,摩擦系数大,极限转速低,常成对使用	适用于刚性较大、转速较低、轴向和径向负荷较大的轴。应用很广,如减速器、车轮轴、轧钢机、起重机、机床主轴等
推力球轴承		只能承受轴向负荷,轴线必须与轴承底座底面垂直,不适用于高转速	常用于起重机吊钩、蜗杆轴、锥齿轮轴、机床主轴等

续表 6-1

类型及其代号	结构简图	性能特点	适用条件及举例
滚针轴承	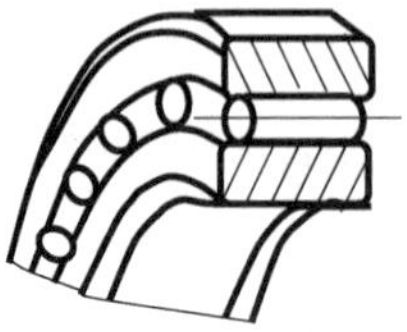	径向尺寸最小,径向负荷能力很大,摩擦系数较大,旋转精度低	适用于径向负荷很大而径向尺寸受限制的地方,如万向联轴器、活塞销、边杆销等

滚动轴承代号由基本代号、前置代号和后置代号构成。前置、后置代号是轴承在结构形状、尺寸、公差等级(精度)、技术要求等有改变时,在其基本代号的左、右边添加的补充代号,一般情况下可部分或全部省略。基本代号代表轴承的基本类型、结构与尺寸,由内径代号、直径系列代号、宽度系列代号和类型代号组成。轴承类型代号用数字或字母标明,具体内容如表 6-1 所列。轴承尺寸系列代号由两个数字组合而成,位于左边的数字为轴承宽(高)度系列代号,位于右边的数字为轴承直径系列代号。宽(高)度系列代号表示内、外径相同而宽(高)度不同的同一类轴承;直径系列代号则表示内径相同而外径不同的同一类轴承。

4. 滚动轴承的选用

滚动轴承是标准零件,使用时可按具体工作条件选择合适的轴承。表 6-1 已列出了各类轴承的特点及应用场合,可作为选择轴承类型的参考。一般来说,选用滚动轴承应考虑下述几个因素:

① 轴承载荷的大小、方向和性质。载荷较小而平稳时,宜用球轴承;载荷大、有冲击时宜用滚子轴承。当轴上承受纯径向载荷时,可采用圆柱滚子轴承或深沟球轴承;当同时承受径向载荷和轴向载荷时,可采用圆锥滚子轴承或角接触球轴承;当承受纯轴向载荷时,可采用推力轴承。

② 轴承的转速。球轴承和轻系列轴承用于较高的转速,滚子轴承和重系列则反之,而推力轴承的极限转速很低。

③ 调心性能的要求。调心球轴承和调心滚子轴承均能满足一定的调心要求。

④ 尺寸要求。当对轴承的径向尺寸有较严格的要求时,可用滚针轴承。

6.3 联轴器与离合器

联轴器和离合器是机械传动中常用的部件,功能是连接不同机器(或部件)的两根轴,使它们一起回转并传递转矩和运动。用联轴器连接的两根轴只有在机器停车时用拆卸的方法才能使它们分离。用离合器连接的两根轴在机器运转中可以方便地使它们分离或结合。

6.3.1 联轴器

按照结构特点,联轴器可分为刚性联轴器和弹性联轴器两大类。

1. 刚性联轴器

刚性联轴器是通过若干刚性零件将两轴连接在一起,常用如下几种结构形式。

(1) 凸缘联轴器

如图 6-9 所示,凸缘联轴器主要由两个分别装在两轴端部的凸缘盘和连接它们的螺栓所组成。为使被连接两轴的中心线对准,可将一半联轴器的一个凸肩与另一半联轴器的凹槽相配合。

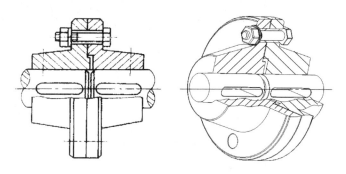

图 6-9　凸缘联轴器

(2) 万向联轴器

如图 6-10 所示,万向联轴器主要由两个叉形接头 1 和 3 及一个十字体 2 通过刚性铰接而构成,故又称铰链联轴器。它广泛用于两种中心线相交成较大角度(α 可达 45°)的连接。

2. 弹性联轴器

弹性联轴器是依靠弹性元件来传递转矩和运动,这类联轴器具有一定挠性,因而在工作中具有较好的缓冲与吸振能力。

(1) 弹性圆柱销联轴器

弹性圆柱销联轴器是机器中常用的一种弹性联轴器,如图 6-11 所示。它的主要零件是弹性橡胶圈、柱销和两个法兰盘。每个柱销上装有多个橡胶圈,插到法兰盘的销孔中,从而传递转矩。弹性圆柱销联轴器适用于正、反转和启动频繁的高速轴连接,如电动机、水泵等轴的连接,可获得较好的缓冲和吸振效果。

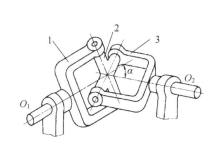

1,3—叉形接头;2—十字体

图 6-10　万向联轴器构造示意

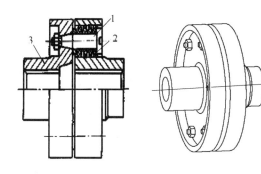

1—柱销;2—弹性橡胶圈;3—法兰盘

图 6-11　弹性圆柱销联轴器

(2) 尼龙柱销联轴器

尼龙柱销联轴器和弹性圆柱销联轴器相似(见图 6-12),只是用尼龙柱销代替了橡胶圈和钢制柱销,其性能及用途与弹性圆柱销联轴器相同。由于结构简单,制作容易,维护方便,所以常用它来代替弹性圆柱销联轴器。

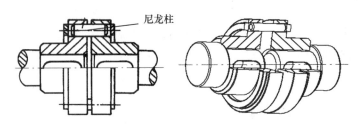

图 6-12 尼龙柱销联轴器

6.3.2 离合器

常用的离合器有嵌入式离合器和摩擦式离合器。嵌入式离合器依靠齿的嵌合来传递转矩和运动,摩擦式离合器则依靠工件表面间的摩擦力来传递转矩和运动。

离合器的操纵方式可以是机械式、电磁式、液压式等,此外还有自动离合的结构。自动离合器不需要外力操纵即能根据一定的条件自动分离或接合。

1. 嵌入式离合器

常用的嵌入式离合器有牙嵌离合器和齿轮离合器。

(1) 牙嵌离合器

如图 6-13 所示,牙嵌离合器主要由两个带有牙形齿的半联轴器组成。其中一个半离合器与轴之间采用导向键连接,通过操纵机构使它沿轴向滑动,实现离合动作。

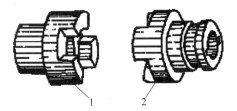

1—固定式半联轴器　2—滑动式半联轴器

图 6-13 牙嵌离合器

牙嵌离合器的常用的牙形有矩形、梯形和锯齿形三种(见图 6-14),前两种齿形能传递双向转矩,锯齿形则只能传递单向转矩。其中,梯形齿接合方便,强度较高,能自动补偿牙形齿的磨损和间隙,减少冲击,应用较多。

牙嵌离合器结构简单,两轴连接后无相对滑动,尺寸小,但在接合时有冲击,因此必须在低速或停机状态下接合,否则容易将齿打坏。

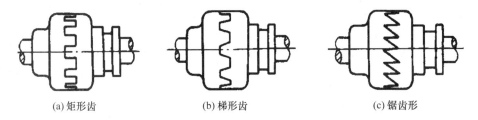

(a) 矩形齿　　　　　(b) 梯形齿　　　　　(c) 锯齿形

图 6-14 牙嵌离合器的牙形

(2) 齿轮离合器

齿轮离合器(见图 6-15)是由一个内齿圈和一个外齿轮组成。齿轮离合器除具有牙嵌离合器的特点外,其传递转矩的能力更大。

2. 摩擦式离合器

摩擦式离合器是靠离合器中的元件间的摩擦力来传递转矩。摩擦式离合器的形式多样,常用的有圆盘式和圆锥式。圆盘式和圆锥式摩擦离合器结构简单,但传递转矩的能力较小,应用受到一定的限制。

图 6-16 所示为一种单片式圆盘摩擦离合器的典型结构。摩擦盘 2 固定在主动轴 1 上,摩擦盘 3 与从动轴用导向键联接,可以作轴向移动。工作时,通过操纵系统拨动滑环 4 以压力 Q 使两摩擦盘压紧,利用摩擦盘产生的摩擦力来传递转矩和运动。这种摩擦离合器结构简单,散热好,但只能传递较小的转矩。

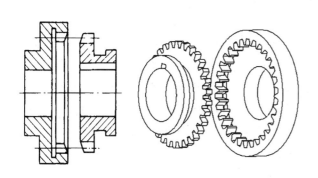

图 6-15 齿轮离合器

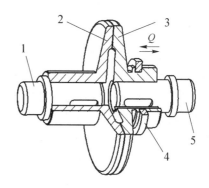

1—主动轴;2,3—摩擦盘;4—滑环;5—从动轴

图 6-16 单片式圆盘摩擦离合器

与嵌入式离合器相比较,摩擦式离合器的优点是:
① 两轴能在不同的转速下进行连接。
② 两轴接合时冲击和振动小。
③ 过载时可以打滑,保护其他零件免于损坏。

摩擦离合器的主要缺点是:在结合和分离时盘片间存在相对滑动,消耗能量以致引起发热,磨损较大。

练习思考题

6-1 怎样区别转轴和心轴?试各举一例。
6-2 轴的合理结构应该满足哪些基本要求?
6-3 与滑动轴承相比较,滚动轴承的主要优缺点是什么?
6-4 选用滚动轴承时应考虑哪些因素?
6-5 联轴器与离合器有什么区别?
6-6 比较嵌入式离合器和摩擦式离合器的优缺点。

第三篇 液压传动基础

第7章 液压传动基本知识

液压传动是以液体为工作介质,将原动机的机械能转换为液体的压力能,然后通过管道、液压控制及调节装置等,借助执行机构再将液体的压力能转换为机械能,以驱动负载实现运动,即是以压力能进行动力或能量的传递、转换与控制的一种传动方式。液压传动相对于机械传动是一门较新的技术。由于液压技术的突出优点,使其在各行各业的应用相当普遍。随着科学技术(特别是控制技术和计算机技术)的迅猛发展,液压技术的应用空间更加广泛。

7.1 液压传动的工作原理和组成

7.1.1 液压传动系统的工作原理

1. 液压千斤顶的工作原理

图7-1是液压千斤顶的工作原理图。大、小两个油缸6和3内分别装有活塞7和2,活塞与缸体之间保持一种良好的配合关系。当外力向上提起杠杆1时,小活塞2被带动上升,于是小油缸3下腔的密封工作容积增大。这时,由于单向阀4和5分别关闭了它们各自所在的油路,所以在小油缸的下腔形成了部分真空,油箱10中的油液在大气压力作用下推开单向阀4沿吸油管道进入小缸的下腔,完成一次吸油动作。当压下杠杆1,小活塞下移,小油缸下腔的工作容积减小,其中的油液压力升高,单向阀4在压力油的作用下自动关闭了通往油池的油路,该油液则经两缸之间的连通管道推开单向阀5,进入大油缸6的下腔。由于大缸下腔也是一个密封的工作容积,所以流入的油液因挤压而产生的作用力会推动大活塞7上升,顶起重物8。这样反复地提压杠杆1,就可以使重物不断上升,达到举升重物的目的。若将截止阀9旋转90°,则在重物自重G的作用下,大油缸6中的油液流回油箱10,大活塞7则下降。

液压千斤顶将杠杆带动活塞2上下运动的机械能,通过小活塞传给液体转换成

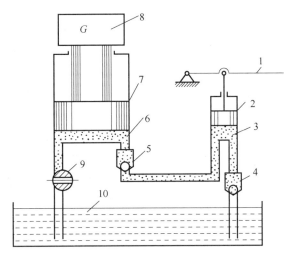

1—杠杆;2—小活塞;3—小油缸;4,5—单向阀;6—大油缸;
7—大活塞;8—重物;9—截止阀;10—油箱

图7-1 液压千斤顶的工作原理图

密封油缸中液体的压力能,而获得能量的液体又通过管道、液压控制及调节装置等将此能量传给大活塞从而顶起重物(转换成机械能)。可见,液压千斤顶是一种简单的液压传动装置,它先将机械能转换为便于输送的液压能,随后又将液压能转换为机械能做功。

2. 磨床工作台液压系统工作原理

图 7-2(a)为磨床工作台液压系统工作原理图。电动机带动液压泵 3 工作,将油箱 1 中的油液经过滤器 2 吸入液压泵 3,由液压泵输出的压力油通过手动换向阀 5、节流阀 6、换向阀 7 进入液压缸 9 的左腔,推动活塞和工作台 10 向右移动,液压缸 9 右腔的油液经换向阀 7 排回油箱。如果将换向阀 7 转换成如图 7-2(b)所示的工作台左移状态,则压力油进入液压缸 9 的右腔,推动活塞和工作台 10 向左移动,液压缸 9 左腔的油液经换向阀 7 排回油箱。工作台 10 的移动速度由节流阀 6 来调节。当节流阀开大时,进入液压缸 9 的油液增多,工作台的移动速度增大;反之,工作台的移动速度减小。液压泵 3 输出的压力油除了进入节流阀 6 以外,其余的则打开溢流阀 4 流回油箱。如果将手动换向阀 5 转换成如图 7-2(c)所示的状态,液压泵输出的油液经手动换向阀 5 流回油箱。这时工作台停止运动,液压系统处于卸荷状态。

图 7-2(a)所示的机床工作台液压系统图是一种半结构式的工作原理图。它直观且易于理解,但难绘制。在实际工作中,一般都采用国标 GB/T786.1—93 所规定的液压与气动图形符号来绘制,如图 7-2(d)所示。图形符号表示元件的功能,只反映各元件在油路连接上的相互关系,不反映其空间安装位置,只反映静止位置或初始位置的工作状态,不反映其过渡过程。用图形符号表示的液压系统图既便于绘制,又可使液压系统简单明了。

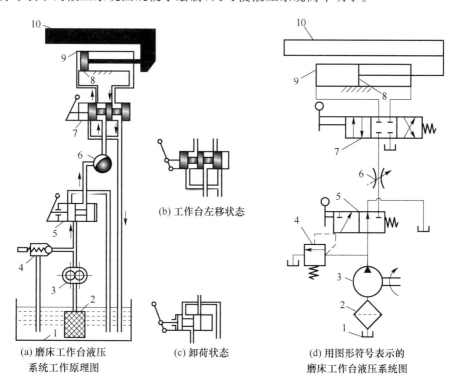

1—油箱;2—过滤器;3—液压泵;4—溢流阀;5,7—换向阀;6—节流阀;8—活塞;9—液压缸;10—工作台

图 7-2 机床工作台液压传动系统

7.1.2 液压传动系统的组成

从上述液压千斤顶和磨床工作台液压系统可以看出，一个完整的液压传动系统由以下几部分组成：

① 动力元件——液压泵　其作用是将外部输入的机械能转换为液体的压力能，向液压系统提供压力油的能量转换装置。

② 执行元件——液压缸或液压马达　其作用是将液压泵输入的液体压力能转换为机械能，以驱动工作机构的能量转换装置。

③ 控制元件——包括压力、方向、流量控制阀　是对系统中油液压力、流量（速度）、方向进行控制和调节的元件。如图 7-2 中的换向阀 5、7 均属控制元件。

④ 辅助元件——油箱、油管、滤油器、压力表等　其作用是创造必要的条件以保证液压系统的正常工作。

7.2　液压传动的特点

7.2.1　液压传动的主要优点

① 在同等功率情况下，液压执行元件体积小、质量轻、结构紧凑，液压马达的外形尺寸和质量仅为电动机的 12%。

② 操纵控制方便，可实现大范围的无级调速（调速范围达 2 000∶1），且可在运行过程中进行调速。

③ 液压装置工作较平稳，反应快，易于实现快速启动、制动和频繁换向。

④ 既易实现机器的自动化，又易于实现过载保护，当采用电液联合控制或计算机控制后，可实现大负载、高精度、远程自动控制。

⑤ 液压元件易于实现标准化、系列化、通用化，便于设计、制造和使用。

⑥ 一般采用矿物油为工作介质，相对运动面可自行润滑，使用寿命长。

7.2.2　液压传动系统的主要缺点

① 液压传动中的主要损失是泄漏（称容积损失），漏油使液压传动的效率较低。

② 为了减少泄漏，液压元件在制造精度上要求较高。

③ 工作性能易受温度变化的影响，因此不宜在很高或很低的温度条件下工作。

④ 由于液压油的可压缩和泄漏，液压传动不能保证严格的传动比，不适于作定比传动。

7.3　液压传动的两个基本参数——压力、流量

7.3.1　压　力

由图 7-1 可知，液压千斤顶在顶起重物时，缸内的液体是存在压力的，正是由于这种压力作用在大活塞的底面，才推动重物升起。根据物理学中的静压传递原理可知，作用在单位面积

上的液体压力,一般用压强 p 表示,而作用在整个有效面积上的液体压力,常称为"液压推力"或"总液压力",用 F 表示。当活塞的有效作用面积为 A 时,则有下列关系式

$$F = pA \tag{7-1}$$

或

$$p = \frac{F}{A}$$

在液压传动中所谓的"压力"是指 p(压强),而力 F 则常称为"液压推力"或"总液压力"等。

在国际单位制(SI)中,压力的单位是 Pa;可与 SI 并用的压力单位为 bar。但是,在我国目前尚使用的工程单位制中,压力的单位通常是 kgf/cm^2。它们之间的换算关系是

$$1\ kgf/cm^2 = 98\ 067\ Pa \approx 10^5\ Pa = 1\ bar$$

在液压千斤顶中,当不考虑液压流动的阻力时,根据静压传递原理,要使活塞顶起上面的重物,则作用在活塞下端面积 A 上的总液压力 F 至少应该等于物重 G(实际上还应包括活塞本身的重力及摩擦力),即

$$F = G$$

因为

$$F = pA$$

所以,缸中的油液压力 p 为

$$p = \frac{G}{A} \tag{7-2}$$

由此可知,液压系统中的压力 p 随外界负载的变化而变化。负载大系统的压力就大,如果活塞上没有负载,缸中的压力也就近似为零。因此液压系统中的压力决定于外界负载。

例 在图 7-1 所示的液压千斤顶中,若已知大活塞的直径 $D = 34\ mm$,小活塞的直径 $d = 13\ mm$。手在杠杆上的着力点到左端铰链的距离为 750 mm,杠杆中间铰链到左端铰链的距离为 25 mm。当顶起的物体重量 $G = 50\ 000\ N$ 时,求在杠杆上所加的力及油液的工作压力各有多大?

解 ① 求在杠杆上所加的力:据式(7-1),大、小活塞受力分别为

$$G = pA = p\left(\frac{\pi}{4}D^2\right)$$

$$F_1 = pA_1 = p\left(\frac{\pi}{4}d^2\right)$$

比较上面二式有

$$\frac{F_1}{G} = \frac{d^2}{D^2}$$

因而通过连杆作用在小活塞上的力为

$$F_1 = \frac{d^2}{D^2}G = \left(\frac{13^2}{34^2} \times 50\ 000\right)N = \frac{169 \times 50\ 000}{1\ 156}N = 7\ 310\ N$$

设手加在杠杆右端的力为 F,根据物理学中的转动物体受力平衡条件可知,杠杆所受的两个方向力矩相等,即

$$F \times 750\ mm = F_1 \times 25\ mm$$

所以手在杠杆右端所加的力为

$$F = \frac{25}{750}F_1 = \frac{25 \times 7\ 310}{750}N = 243.7\ N$$

② 求缸中油液的工作压力为

$$p = \frac{G}{A} = \frac{G}{\frac{\pi}{4}D^2} = \left(\frac{50\ 000}{\frac{\pi}{4}(34 \times 10^{-2})^2}\right) \text{bar} = \frac{5 \times 10^{10}}{289 \times 3.14} \text{ bar} = 55.1 \times 10^6 \text{ Pa} = 551 \text{ bar}$$

7.3.2 流量

单位时间内流过管道某一截面的液体体积量称为流量。图 7-3 所示为液体在直管内流动,设管道的通流截面积为 A,流过截面 1-1 的液体经时间 t 后到达截面 2-2 处,所流过的距离为 l,则流过的液体体积为 $V = Al$,即流量 Q 为

$$Q = \frac{V}{t} = \frac{Al}{t} = Av \tag{7-3}$$

式中,v 是液体在通流截面上的平均流速,而不是实际流速。计算流量时,液体体积的单位是 m^3 或 cm^3;时间的单位是 s,故流量的单位是 m^3/s 或 cm^3/s。

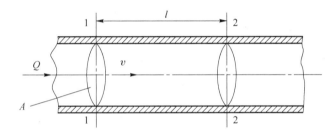

图 7-3 液体在直管内流动

在液压缸中,活塞的运动速度与液体的平均流速相同,存在如下关系

$$v = \frac{Q}{A} \tag{7-4}$$

式中:v 为活塞运动的速度,(m/s);Q 为输入液压缸的流量,(m^3/s);A 为活塞的有效作用面积,(m^2)。

由式(7-4)可知:

① 活塞运动速度 v 正比于流入液压缸中油液流量 Q,与负载无关。也就是说,活塞的运动速度可以通过改变流量的方式进行调节。基于这一点,液压传动可以实现无级调速。

② 活塞的运动速度反比于活塞面积,可以通过对活塞面积的控制来控制速度。

7.3.3 压力损失及其与流量的关系

在液压管路中,压力与流量这两个基本参数之间有什么关系呢?由静压传递原理可知,密封的静止液体具有均匀传递压力的性质,即当一处受到压力作用时,其各处的压力皆相等。但流动的液体情况并不是这样,当液体流过一段较长的管道或各种阀孔、弯管及管接头时,由于流动液体各质点之间以及液体与管壁之间的相互摩擦和碰撞作用,引起了能量损失,这主要表现为液体在流动过程中的压力损失(即压力降落或压力差)。

若以 Δp 表示这种压力损失(如图 7-4 所示,$\Delta p = p_1 - p_2$),它与管路中通过的流量 Q 之间有如下关系

$$\Delta p = R_y Q^n \tag{7-5}$$

式中：Q 为通过管路的流量；R_y 为管路中的液阻与管道截面形状、截面积大小、管路长度及油液性质等因素有关；Δp 为油液通过液阻的压力损失，或称液阻前后的压力差；n 为指数，由管道的结构形式所决定，通常 $1 \leqslant n \leqslant 2$。

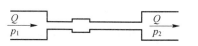

图 7-4 液体流动的压力损力

由式(7-5)可知，在管路中流动的液体，其压力损失、流量与液阻之间的关系是：液阻增大，将引起压力损失增大，或使流量减小。液压传动中常常利用改变液阻的办法来控制流量或压力。

7.4 液压传动用油的选择和使用

7.4.1 液压系统对工作介质的要求

液压工作介质一般称为液压油。液压介质的性能对液压系统的工作状态有很大影响，液压系统对工作介质的基本要求如下：

① 有适当的粘度和良好的粘温特性 粘度是选择工作介质的首要因素。液压油的粘性，对减少间隙的泄漏、保证液压元件的密封性能都起着重要作用。一般情况下，在高压或高温条件下工作时，应采用高粘度液压油；低温时或泵的吸入条件不好时（压力低，阻力大），应采用低粘度液压油。

② 氧化安定性和剪切安定性好 工作介质与空气接触，特别是在高温、高压下容易氧化、变质。工作介质氧化后酸值增加会增强腐蚀性，氧化生成的粘稠状油泥会堵塞滤油器，妨碍部件的动作以及降低系统效率。因此，要求它具有良好的氧化安定性和热安定性。剪切安定性是指工作介质通过液压节流间隙时，要经受剧烈的剪切作用，会使一些聚合型增粘剂高分子断裂，造成粘度永久性下降，在高压、高速时，这种情况尤为严重。为延长使用寿命，要求剪切安定性好。

③ 抗乳化性、抗泡沫性好 工作介质在工作过程中可能混入水或出现凝结水。混有水分的工作介质在泵和其他元件的长期剧烈搅拌下，易形成乳化液，使工作介质水解变质或生成沉淀物，引起工作系统锈蚀和腐蚀，所以要求工作介质有良好的抗乳化性。抗泡沫性是指空气混入工作介质后会产生气泡，混有气泡的介质在液压系统内循环，会产生异常的噪声、振动，所以要求工作介质具有良好的抗泡性和空气释放能力。

④ 闪点、燃点要高，能防火、防爆。

⑤ 有良好的润滑性和防腐蚀性，不腐蚀金属和密封件。

⑥ 对人体无害，成本低。

7.4.2 液压介质的种类

液压传动介质按照 GB/T7631.2—87（等效采用 ISO 6743/4）进行分类，主要有石油基液压油和难燃液压液两大类。

1. 石油基液压油

① L-HL 液压油（又名普通液压油） 是当前我国供需量最大的品种，用于一般液压系统，但只适于 0 ℃以上的工作环境。

② L-HM 液压油(又名抗磨液压油,M 代表抗磨型)　适用于-15 ℃以上的高压、高速工程机械和车辆液压系统。

③ L-HG 液压油(又名液压或导轨油)　适用于机床液压和导轨润滑合用的系统。

④ L-HV 液压油(又名低温液压油、稠化液压油、高粘度指数液压油)　适用于低温地区的户外高压系统及数控精密机床液压系统。

⑤ 其他专用液压油　如航空液压油(红油)、炮用液压油、舰用液压油等。

2. 难燃液压液

难燃液压液可分为合成型、油水乳化型和高水基型三大类。

(1) 合成型抗燃工作液

① 水一乙二醇液(L-HFC 液压液)　其优点是凝点低(-50 ℃),有一定的粘性,抗燃。适用于要求防火的液压系统,使用温度范围为-18~65 ℃。其缺点是价格高,润滑性差,只能用于中等压力(20 MPa 以下)。

② 磷酸酯液(L-HFDR 液压液)　这种液体的优点是:使用的温度范围宽(-54~135 ℃),抗燃性好,抗氧化安定性和润滑性都很好。其缺点是价格昂贵,有毒性,与多种密封材料(如丁氰橡胶)的相容性很差。

(2) 油水乳化型抗燃工作液(L-HFB、L-HFAE 液压液)

油水乳化液是指互不相溶的油和水,使其中的一种液体以极小的液滴均匀地分散在另一种液体中所形成的抗燃液体。油水乳化型分水包油乳化液和油包水乳化液两大类。

(3) 高水基型抗燃工作液(L-HFAS 液压液)

这种工作液不是油水乳化液。其主体为水,占 95%,其余 5%为各种添加剂。其优点是成本低,抗燃性好,不污染环境。其缺点是粘度低,润滑性差。

练习思考题

7-1　说明液压传动的工作原理,并指出液压传动装置通常是由哪几部分组成?

7-2　液压传动中所用到的压力、流量各表示什么?它们的单位是什么?压力是怎样产生的?

7-3　在图 7-5 所示的密封容器内充满油液。已知小柱塞的直径 $d=10$ mm,大柱塞的直径 $D=50$ mm,作用在小柱塞上的力 $F=500$ N。求大柱塞上能顶起物体的重量 G 等于多少(柱塞的重量忽略不计)?

7-4　在如图 7-2 所示的磨床工作台油缸中,缸体内径 $D=65$ mm,活塞杆直径 $d=30$ mm,当进入油缸的压力油流量 $Q=2\times 10^{-4}$ m³/s 时,工作台的运动速度 v 有多大?

7-5　在管路中流动的压力油为什么会产生压力损失?这种损失与通过管路的流量之间有什么关系?

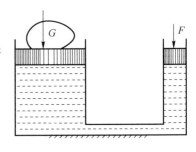

图 7-5　密封容器

7-6　在有的机床说明书中规定,冬季使用一种液压油,夏季使用另外一种液压油,这是为什么?

第 8 章 液压元件

8.1 动力元件

液压动力元件起着系统动力源的作用,是系统不可缺少的核心元件。液压泵给液压系统提供一定流量和压力称为液压动力元件。它将原动机(电动机或内燃机)输出的机械能转换为工作液体的压力能,是一种能量转换装置。

8.1.1 液压泵概述

图 8-1 所示为一单柱塞液压泵的工作原理图。图中柱塞 2 装在缸体 3 中形成一个密封容积 a,柱塞在弹簧 4 的作用下始终压紧在偏心轮 1 上。原动机驱动偏心轮 1 旋转使柱塞 2 作往复运动,密封容积 a 的大小发生周期性的交替变化。当 a 由小变大时形成部分真空,油箱中油液在大气压作用下,经吸油管顶开单向阀 6 进入 a 腔而实现吸油;当 a 由大变小时,a 腔中吸满的油液将顶开单向阀 5 流入系统而实现压油。这样液压泵就将原动机输入的机械能转换成液体的压力能。原动机驱动偏心轮不断地旋转,液压泵就不断地吸油和压油,向系统连续供油。这种液压泵是依靠密封容积变化的原理来进行工作的,故称其为容积式液压泵。

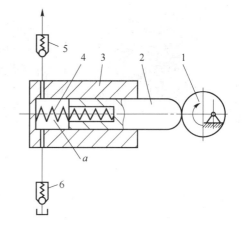

1—偏心轮;2—柱塞;3—缸体;4—弹簧;5,6—单向阀
图 8-1 单柱塞液压泵工作原理图

由上述容积泵的工作过程可知,容积泵正常工作必须具备以下条件:

① 有能交替变化的密封容器;
② 有可靠的吸油和压油的转换装置,即配油装置;
③ 油箱必须与大气相通。

8.1.2 容积式液压泵的结构类型及工作原理

容积式液压泵按其结构形式不同分为齿轮泵、叶片泵、柱塞泵等;按其工作压力不同分为低压泵、中压泵、中高压泵和高压泵等;按其输出流量能否变化分为定量泵和变量泵;按其输出液流的方向能否改变分为单向泵和双向泵等。

常用液压泵的图形符号如图 8-2 所示。

1. 齿轮泵

齿轮泵是液压系统中广泛采用的一种液压泵,它一般制成定量泵。按结构不同齿轮泵分为外啮合齿轮泵和内啮合齿轮泵,而以外啮合齿轮泵应用最广。

① 外啮合齿轮泵的结构和工作原理 外啮合齿轮泵的立体轴测图和结构平面分别如图8-3(a)、(b)所示,主要由泵体3、前泵盖4、后泵盖1、结构完全相同的一对齿轮2、主动轴5

图8-2 液压泵的图形符号

等零件组成。宽度和泵体接近且互相啮合的一对齿轮2与前后泵盖4、1、泵体3形成一密封腔,并由齿轮的齿顶和啮合线把密封腔划分为两部分,即吸油腔和压油腔。两齿轮分别用键固定在由滚针轴承支承的主动轴和从动轴上,主动轴由电动机带动旋转。泵的前后盖与泵体由两个定位销6定位,用六只螺钉9紧固。

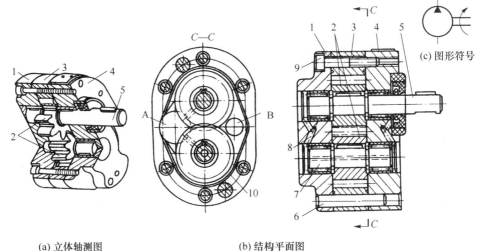

1—后泵盖;2—齿轮;3—泵体;4—前泵盖;5—主动轴;6—定位销;7—从动轴;8—泄油小孔;9—螺钉;10—泄漏槽
A—吸油口;B—压油口

图8-3 CB-B 外啮合型齿轮泵的结构图

外啮合齿轮泵的工作原理如图8-4所示,当泵的主动齿轮按图示箭头方向旋转时,右侧吸油腔内的轮齿脱离啮合,密封腔容积不断增大,形成局部真空,油箱中的油液在外界大气压的作用下,经吸油管路、吸油腔进入齿间,完成齿轮泵的吸油。随着齿轮的旋转,吸入齿间的油液被带到另一侧,进入压油腔,而左侧压油腔内的轮齿不断进入啮合,使密封腔油液增多,油液受到挤压被排往系统,形成了齿轮泵的压油过程。齿轮啮合时齿向接触线把吸油腔和压油腔分开,起配油作用。当齿轮泵的主动齿轮由电动机带动不断旋转时,齿轮泵就不断地向系统输送高压油。

② 齿轮泵的型号和图形符号 齿轮泵是定量泵,我国自行设计制造的CB型齿轮泵的技术规格可见有关液压手册。齿轮泵型号(原按工程单位制订)一般由元件类型和规

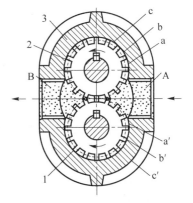

1,2—齿轮;3—泵体;
A—吸油口;B—压油口
图8-4 外啮合齿轮泵工作原理图

格两部分组成,其型号意义如下:

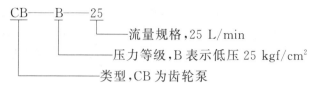

CB 型齿轮泵多为低压泵,压力等级为 B 级。额定流量系列有 16 L/min、20 L/min、25 L/min、31.5 L/min 等几种。

齿轮泵的图形符号如图 8-3(c)所示,为单向定量泵符号。

③ 齿轮泵的特点　齿轮泵的结构简单,易于制造,价格便宜;尺寸小,质量轻;工作可靠,维护方便。但流量和压力脉动较大,振动、噪音较大;有不平衡径向作用,磨损严重,泄露大,即齿轮泵的容积效率较低。因此齿轮泵工作压力的提高受到限制。齿轮泵一般用于中、低压系统。

2. 叶片泵

叶片泵广泛应用于机械制造中的专用机床、自动线等中低液压系统中。叶片泵工作压力较高,且流量脉动小,工作平稳,噪声小,寿命长。但其结构复杂,吸油特性不太好,对油液的污染也比较敏感。根据各密封工作容积在转子旋转一周的吸、排油液次数不同,叶片泵分为两类,即完成一次吸、排油液的单作用叶片泵和完成两次吸、排油液的双作用叶片泵。单作用叶片泵多为变量泵,工作压力最大为 7.0 MPa,双作用叶片泵均为定量泵,一般最大工作压力亦为 7.0 MPa。经结构改进的高压叶片泵最大的工作压力可达 16.0～21.0 MPa。

(1) 单作用叶片泵

单作用叶片泵的结构及工作原理如图 8-5 所示。单作用叶片泵由转子 1、定子 2、叶片 3 和端盖等组成。定子具有圆柱形的内表面,定子和转子间有偏心距。叶片装在转子槽中,并可在槽内滑动。当转子回转时,由于离心力的作用,使叶片紧靠在定子内壁,这样在定子、转子、叶片和两侧配油盘间就形成若干个密封的工作空间。若转子按图示的方向回转,在图的右部,叶片逐渐伸出,叶片间的工作空间逐渐增大,从吸油口吸油,为吸油腔。而图的左部,叶片被定子内壁逐渐压进槽内,工作空间逐渐缩小,将油液从压油口压出,为压油腔。在吸油腔和压油腔之间有一段封油

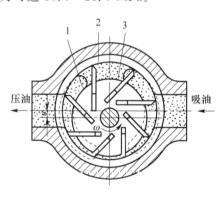

1—转子;2—定子;3—叶片

图 8-5　单作用叶片泵的工作原理

区,把吸油腔和压油腔隔开。这种叶片泵的转子每转一周,每个工作空间完成一次吸油和压油,因此称为单作用叶片泵。转子不停地旋转,泵就不断地吸油和排油。

(2) 双作用叶片泵

双作用叶片泵的工作原理如图 8-6 所示。该泵由定子 1、转子 2、叶片 3 和配油盘(图中未画出)等组成。转子和定子中心重合,定子内表面近似为椭圆柱形,该椭圆由两段长半径 R、两段短半径 r 和四段过度曲线所组成。当转子转动时,叶片在离心力的作用下,在转子槽内作径向移动而压向定子内表面,由叶片、定子的内表面、转子的外表面和两侧配油盘间形成若干个密封空间,当叶片由小圆弧上的密封空间经过度曲线而运动到大圆弧的过程中则向外

伸出,密封空间的容积增大,吸入油液;再从大圆弧经过度曲线运动到小圆弧的过程中,叶片被定子内壁逐渐压进槽内,密封空间容积变小,将油液从压油口压出。转子每转一周,每个工作空间要完成两次吸油和压油,所以称为双作用叶片泵。这种叶片泵由于有两个吸油腔和两个压油腔,并且各自的中心夹角是对称的,所以作用在转子上的油液压力相互平衡,因此双作用叶片泵又称为卸荷式叶片泵。为了要使径向力完全平衡,密封空间数(即叶片数)应当是双数。

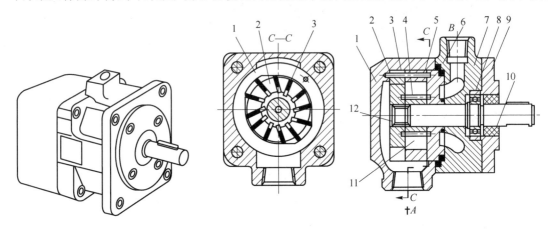

1—定子;2—转子;3—叶片

图 8-6　双作用叶片泵的工作原理

(3) 叶片泵的型号意义和图形符号

常见的单作用叶片泵形式为限压式变量叶片泵,其型号意义如下:

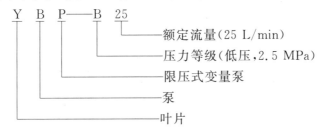

YBP 型叶片泵的额定流量系列有 25 L/min、40 L/min、63 L/min、100 L/min 等几种。当压力等级为中压时,其型号为 YBP-25,其中表示压力等级的符号"C"可省略不标注。

双作用叶片泵的图形符号为单向定量泵符号。

3. 柱塞泵

柱塞泵是靠柱塞在缸体中作往复运动造成密封容积的变化来实现吸油与压油的液压泵。与齿轮泵和叶片泵相比,柱塞泵压力高,结构紧凑,效率高,流量调节方便,用于需要高压、大流量、大功率的系统中和流量需要调节的场合。柱塞泵按柱塞的排列和运动方向不同,可分为径向柱塞泵和轴向柱塞泵两大类。

(1) 径向柱塞泵

径向柱塞泵的工作原理如图 8-7 所示。柱塞 1 径向排列装在缸体 2 中,缸体由原动机带动连同柱塞 1 一起旋转,所以缸体 2 称为转子,柱塞 1 在离心力的作用下抵紧定子 4 的内壁。由于定子和转子之间有偏心距 e,当转子顺时针回转,柱塞绕经上半周时向外伸出,柱塞底部的容积逐渐增大,形成部分真空,因此便经过衬套 3 上的油孔从配油孔 5 和吸油口 b 吸油;当柱塞转到下半周时被定子内壁向里推,柱塞底部的容积逐渐减小,向配油轴的压油口 c 压油。转子回转一周,每个柱塞底部的密封容积完成一次吸压油。如果改变偏心距 e 的大小,则可改变泵的输油量,因此径向柱塞泵是一种变量泵。倘若偏心距 e 可以由正值变为负值时,则泵的吸、压油腔互换,就可以使系统中的油液改变流动方向,这样的径向柱塞泵就成为了双向变量泵。

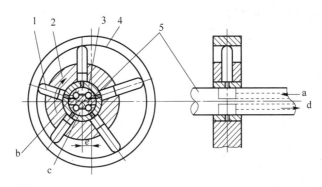

1—柱塞;2—缸体;3—衬套;4—定子;5—配油轴

图 8-7　径向柱塞泵的工作原理

径向柱塞泵漏损较大,柱塞与定子为点接触,易磨损,因而限制了这种泵得到更高的压力,且由于其径向尺寸大、结构复杂、价格昂贵也限制了它的使用。目前径向柱塞泵已逐渐被轴向柱塞泵所代替。

(2) 轴向柱塞泵

轴向柱塞泵是将多个柱塞配置在一个共同缸体的圆周上,并使柱塞中心线与缸体中心线平行的一种泵。轴向柱塞泵有两种形式,直轴式(斜盘式)和斜轴式(摆缸式)。如图 8-8 所示为直轴式轴向柱塞泵的工作原理。这种泵由缸体1、配油盘2、柱塞3和斜盘4等组成。柱塞沿圆周均匀分布在缸体内。斜盘轴线与缸体轴线倾斜一角度,柱塞靠机械装置或在低压油作用下压紧在斜盘上。配油盘2和斜盘4固定不转。当原动机通过传动轴使缸体转动时,由于

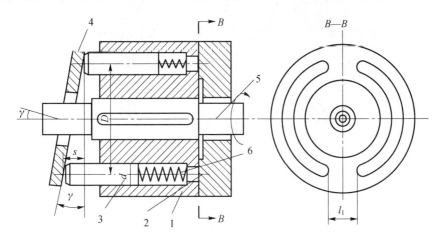

1—缸体;2—配油盘;3—柱塞;4—斜盘;5—传动轴;6—弹簧

图 8-8　轴向柱塞泵的工作原理

斜盘的作用,迫使柱塞在缸体内作往复运动,并通过配油盘的配油窗口进行吸油和压油。如图8-8所示,若逆时针方向回转,缸体转角在左半圈范围内柱塞向外伸出,柱塞底部缸孔的密封工作容积增大,通过配油盘的吸油窗口吸油;在右半圈范围内柱塞被斜盘推入缸体,使缸孔容积减小,通过配油盘的压油窗口压油。缸体每转一周,每个柱塞各完成吸、压油一次。如改变斜盘倾角,就能改变柱塞行程的长度,即改变液压泵的排量,改变斜盘倾角方向,就能改变吸油和压油的方向,即成为双向变量泵。

8.2 执行元件

液压系统的执行元件是将液体的压力能转换为机械能的能量转换装置,液压马达和液压缸均属于执行元件。液压缸用以实现往复直线运动,液压马达用以实现旋转运动。

8.2.1 液压马达

1. 液压马达的工作原理

图8-9所示为叶片式液压马达的工作原理图。当压力为 p 的油液从进油口进入叶片1和3之间时,叶片2因两面均受液压油的作用不产生转矩。叶片1、3上,一面作用有压力油,另一面为低压油。由于叶片3伸出的面积大于叶片1伸出的面积,因此作用于叶片3上的总液压力大于作用于叶片1上的总液压力,于是压力差使转子产生顺时针的转矩。同样道理,压力油进入叶片5和7之间时,叶片7伸出的面积大于叶片5伸出的面积,也产生顺时针转矩。这样,就把油液的压力能转变成了机械能,这就是叶片马达的工作原理。当输油方向改变时,液压马达就反转。

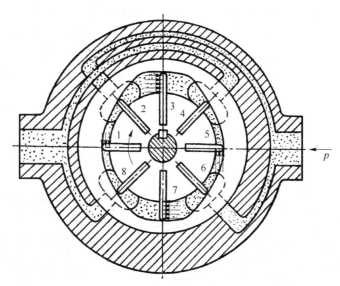

图8-9 叶片式马达的工作原理图

2. 液压马达的特点及分类

液压马达是把液体的压力能转换为机械能的装置。从原理上讲,液压泵用做液压马达用,液压马达也可做液压泵。事实上同类型的液压泵和液压马达虽然在结构上相似,但由于两者的工作情况不同,使得两者在结构上有差异,很多类型的液压马达和液压泵不能互逆使用。

液压马达按其额定转速分为高速和低速两大类,额定转速高于 500 r/min 的属于高速液压马达,额定转速低于 500 r/min 的属于低速液压马达;按其结构类型可分为齿轮式、叶片式、柱塞式和其他形式。液压马达的图形符号如图 8-10 所示。

(a) 单向定量马达　　(b) 双向定量马达　　(c) 单向变量马达　　(d) 双向变量马达

图 8-10　叶片马达的职能符号

8.2.2　液压缸

液压缸(亦称油缸)有三种类型,即活塞式液压缸、柱塞式液压缸和摆动式液压缸。活塞缸和柱塞缸实现往复直线运动,输出速度和推力;摆动式液压缸实现往复摆动,输出角速度(转速)和转矩。

1. 活塞式液压缸

活塞式液压缸根据其使用要求不同可分为双杆式和单杆式两种。

(1) 双杆式活塞缸

活塞两端都有一根直径相等的活塞杆伸出的液压缸称为双杆式活塞缸,它一般由缸体、缸盖、活塞、活塞杆和密封件等零件构成。根据安装方式不同可分为缸筒固定式和活塞杆固定式两种。如图 8-11 所示为活塞杆固定式液压缸,其活塞杆固定不动,缸体移动,活塞杆通常做成空心的,以便进油和回油。在外圆磨床中,带动工作台往复运动的液压缸通常就是这种形式。缸筒固定式活塞式液压缸的缸体是固定的,当液压缸的右腔进油、左腔回油时,活塞向左移动;反之,活塞向右移动。

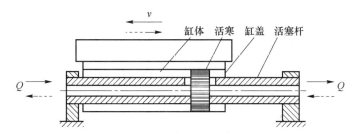

图 8-11　活塞杆固定双杆式活塞液压缸

(2) 单杆式活塞缸

单杆式活塞液压缸的工作原理如图 8-12 所示。活塞只有一端带活塞杆,所以活塞两端的有效作用面积不等。当左、右两腔相继进入压力油时,即使流量及压力皆相同,活塞往返运动的速度和所受的推力也不相等。当无杆腔进油时,因活塞有效面积大,所以速度小,推力大;当有杆腔进油时,因活塞有效面积小,所以速度大,推力小。单杆活塞液压缸在实际应用中,可以制成缸体固定、活塞移动的结构,也可制成活塞杆固定、缸体移动的结构。

2. 柱塞式液压缸

柱塞式液压缸的工作原理如图 8-13 所示。它只能实现一个方向的液压传动,另一个方向的运动往往靠它本身的自重(垂直放置时)或弹簧等其他外力来实现。若需要实现双向运动,则必须成对使用,如图 8-14 所示。

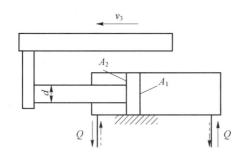

图 8-12 活塞杆固定单杆式活塞液压缸

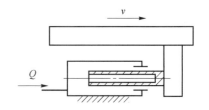

图 8-13 柱塞液压缸示意图

当行程较长时,可采用柱塞液压缸。因活塞缸的缸体较长,它的内壁精加工比较困难,而柱塞缸的缸体内壁与柱塞不接触,不需要精加工。因此,结构简单,制造容易。柱塞液压缸的柱塞通常制成空心的,这样可以减轻重量,防止柱塞下垂(水平放置时),降低密封装置的单面磨损。

3. 液压缸的密封

液压缸以及其他液压元件,凡是容易造成泄漏的地方,都应该采取密封措施。液压缸的密封,主要是指活塞与缸体、活塞杆与端盖之间的动密封以及端盖与缸体之间的静密封。

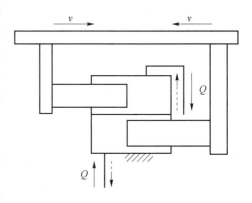

图 8-14 双向运动柱塞液压缸工作原理图

液压缸中常见的密封装置如图 8-15 所示。图 8-15(a)所示为间隙密封,它依靠运动间的微小间隙来防止泄漏。为了提高这种装置的密封能力,常在活塞的表面制造出几条细小的环形槽,以增大油液通过间隙时的阻力。它的结构简单,摩擦阻力小,可耐高温;但泄漏大,加工要求高,磨损后无法恢复原有能力,只有在尺寸较小、压力较低、相对运动速度较高的缸筒和活塞间使用。

图 8-15(b)所示为摩擦环密封,它依靠套在活塞上的摩擦环(尼龙或其他高分子材料制成)在O形密封圈弹力作用下贴紧缸壁而防止泄漏。这种材料效果较好,摩擦阻力较小且稳定,可耐高温,磨损后有自动补偿能力,但加工要求高,装拆较不便,适用于缸筒和活塞之间的密封。

图 8-15(c)、图 8-15(d)所示为密封圈(O形圈、V形圈等)密封,它利用橡胶或塑料的弹性使各种截面的环形圈贴紧在静、动配合面之间来防止泄漏,它结构简单,制造方便,磨损后有自动补偿能力,性能可靠,在缸筒和活塞之间、缸盖和活塞杆之间、活塞和活塞杆之间、缸筒和缸盖之间都能使用。

对于活塞杆外伸部分来说,由于它很容易把脏物带入液压缸,使油液受污染,使密封件磨损,因此常需在活塞杆密封处增添防尘圈,并放在向着活塞杆外伸的一端。

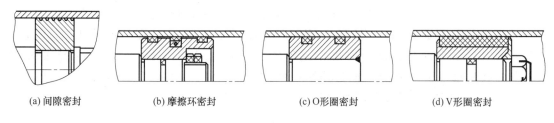

(a) 间隙密封　　(b) 摩擦环密封　　(c) O形圈密封　　(d) V形圈密封

图 8-15　密封装置

8.3　控制元件

液压控制元件即液压控制阀。液压控制阀是液压系统中用来控制液流方向、压力和流量的元件。借助于这些阀,便能对液压执行元件的启动、停止、运动方向、运动速度、动作顺序和克服负载的能力等进行调节与控制,使各类液压机械都能按要求协调工作。

按照用途液压控制阀可分为方向控制阀、压力控制阀和流量控制阀。

8.3.1　方向控制阀

方向控制阀主要用来控制液压系统中各油路的通、断或改变油液流动方向。它包括单向阀和换向阀。

1. 单向阀

单向阀是允许液流单方向流动的液压阀。单向阀有普通单向阀和液控单向阀两种。

(1) 普通单向阀

普通单向阀是只允许液流单方向流动而反向则截止的元件。如图 8-16(a)、(b) 和图 8-16(c) 分别是管式连接的直通式单向阀和板式连接的直角式单向阀。图 8-16(a) 中的阀芯为钢球,图 8-16(b) 和图 8-16(c) 中的阀芯采用带锥面的圆柱滑阀芯。当液流从 P_1 口流入时,作用在阀芯上的压力油液克服弹簧力顶开阀芯流向 P_2,实现正向导通;当液流从 P_2 口流入时,由于阀芯上开有径向孔,液流流进阀芯内部,阀芯在液压力和弹簧力的作用下关闭阀口,实现反向截止。图 8-16(d) 为单向阀的图形符号。

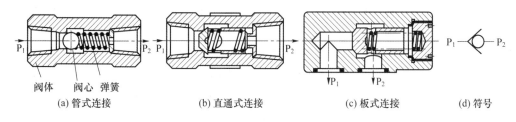

(a) 管式连接　　(b) 直通式连接　　(c) 板式连接　　(d) 符号

图 8-16　单向阀

从工作原理可知,单向阀的弹簧在保证克服阀芯和阀体的摩擦力及阀芯的惯性力而复位的情况下,弹簧的刚度应该尽可能地小,以免在液流流动时产生较大的能量损失。在液压系统中有时也将普通单向阀作为背压阀使用,这时一般要换上刚度较大的弹簧。

(2) 液控单向阀

它是液压系统经常使用的液压元件。如图 8-17(a) 所示,液控单向阀由阀体 5、阀芯 3、弹簧 4、控制活塞 1、推杆 2 等组成。阀芯一般为锥芯,弹簧的刚度较小。当液流从 P_1 口流入时,液压力顶开阀芯,导通 P_1 至 P_2 油路,实现正向导通;当液流从 P_2 口流入时,液压油将阀芯 3 推压到阀座上,封闭油路,实现反向截止,这和普通单向阀的作用一样。当要求反向导通时,需在控制油口 K 通以压力油,推动控制活塞 3,通过推杆 2 将阀芯 3 顶离阀座,解除反向截止作用。由于控制活塞的面积较大,所以控制油压力不必很大,为其主油路压力的 30%～50% 即可。

液控单向阀按控制活塞背压腔的泄油方式不同,分为内泄式和外泄式;按结构特点可分为简式和卸载式两类。图 8-17(b) 为液控单向阀的图形符号。

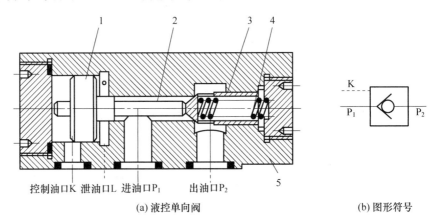

1—控制活塞;2—推杆;3—阀芯;4—弹簧;5—阀体

图 8-17 液控单向阀

2. 换向阀

换向阀是借助于阀芯与阀体之间的相对运动,控制与阀体相连的各油路实现通、断或改变液流方向的元件。

(1) 换向阀的工作原理

图 8-18 为滑阀式二位四通电磁换向阀的工作原理。换向阀由阀体 6、阀芯 3、电磁铁 4 和弹簧 7 等组成。阀体的内腔开有五个环槽,对外开有 4 个接油口(O、A、P、B)。阀芯上的台肩与阀体内孔配合,由电磁阀操控阀芯在阀体内运动。阀芯在阀体内有两个工作位置:

① 当电磁铁失电时,阀芯 3 在弹簧 7 的恢复力作用下,处于最左位置,如图 8-18(a)所示。此时液压油从 P 口流入阀体,经阀芯与阀体间的环型通道由 B 口流入液压缸 9 左腔,推动活塞 8 向右运动。液压缸右腔的油液从 A 口流入阀体,经阀芯与阀体间的环型通道由 O 口流回油箱。

② 当电磁铁得电时,电磁铁 4 吸引衔铁 5,推动阀芯 3 压缩弹簧 7 右移,使之处于最右位置。如图 8-18(b)所示,液压油从 P 口流入阀体,经阀芯与阀体间的环型通道由 A 口流入液压缸 9 右腔,推动活塞 8 向左运动。

(2) 换向阀的分类

换向阀的应用十分广泛,种类很多,一般可以按表 8-1 分类。

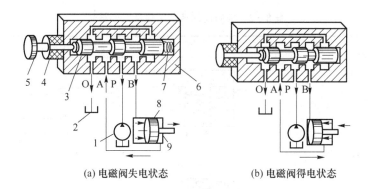

(a) 电磁阀失电状态   (b) 电磁阀得电状态

1—液压泵;2—回油箱;3—阀芯;4—电磁铁;5—衔铁;6—阀体;7—弹簧;8—活塞;9—液压缸
P—压油口;O—回油口;A,B—工作口

图 8-18 换向阀的工作原理

表 8-1 换向阀的分类

分 类 方 法	类 型
按阀的结构形式分	滑阀式、转阀式、球阀式、锥阀式
按阀的操纵方式分	手动、机动、电磁、液动、电液动、气动
按阀的工作位置数和控制通路数分	二位二通、二位三通、二位四通、三位四通等

(3) 换向阀的图形符号

① 换向阀的命名 换向阀的命名表明了换向阀的特性,如:二位四通电磁换向阀等。换向阀的"位"是指改变阀芯与阀体的相对位置,即所能得到的通油口通、断形式的种类数,有两种就称为二位阀;换向阀的"通"是指阀体上的通油口数目,有四个通油口,称为四通阀;"电磁"则表明阀的操纵方式为电磁力。

② 图形符号的规定和含义
- 用方框表示换向阀的工作位置,有几个方框就表示是几位阀;
- 一个方框的上边和下边与外部连接的接口数,有几个就表示几"通";
- 方框内的箭头表示换向阀内部的通路情况,箭头一般可表示通路的方向;
- 方框内符号"T"或"⊥"表示此油路被阀芯封闭;
- 阀与液压泵或供油路相连的油口用字母 P 表示;阀与系统回油路(油箱)相连的回油口用字母 O 表示(有的也用字母 Y 表示);阀与执行元件相连的油口为工作油口,用字母 A、B 表示。

一个完整的图形符号不仅要反映上述特征,还要反映阀芯复位方式或定位方式,如图 8-19(c)、(d)所示。

几种常用换向阀的结构原理及图形符号如表 8-2 所列。

③ 换向阀的中位机能 换向阀都有两个或两个以上工作位置,其中未受到外部操纵作用时所处的位置为常态位。对于三位阀,图形符号的中间位置为常态位,通常将阀芯处于中间位置其油口的连通方式称为中位机能。

表 8-2　换向阀的结构原理及图形符号

名　称	结构原理图	图形符号
二位二通	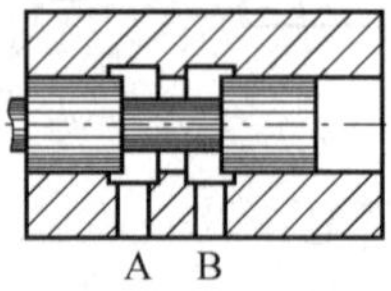	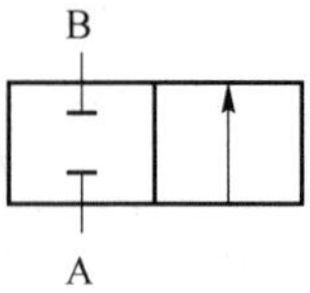
二位三通	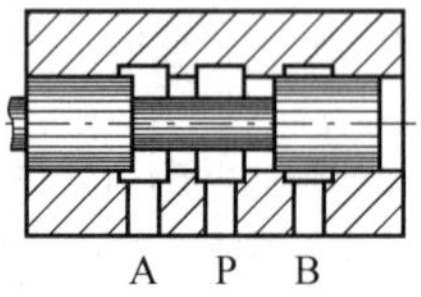	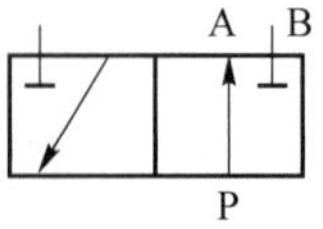
二位四通	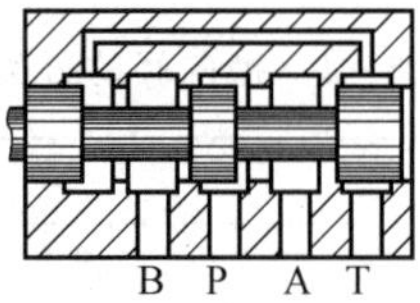	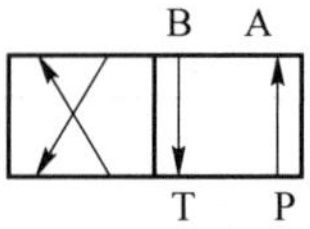
三位四通	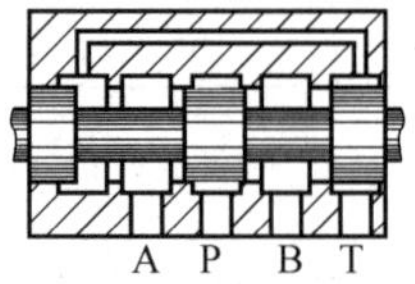	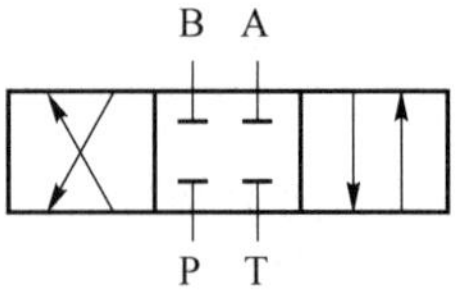

表 8-3 列出了常用的几种中位机能的名称、结构原理、图形符号和中位特点。

表 8-3　三位四通换向阀的中位机能举例

中位形式	符　号	中位特点
O	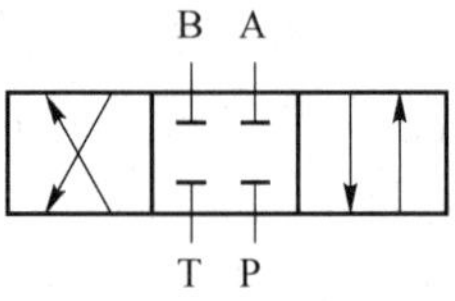	换向位置精度高,但液压冲击大;重新启动时较平稳;在中位时液压泵不能卸荷
H	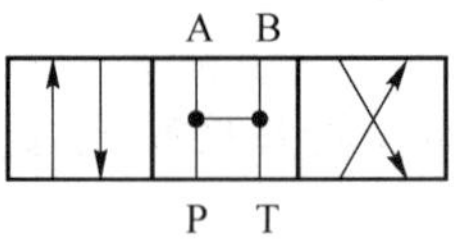	换向平稳,液压缸冲出量大,换向位置精度低;执行元件浮动;重新启动时有冲击;液压泵在中位时卸荷
Y	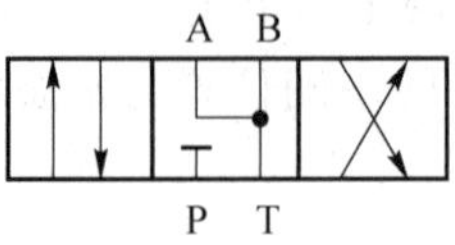	P 口封闭,A、B、T 导通。换向平稳,换向位置精度低;执行元件浮动;重新启动时有冲击;液压泵在中位时不卸荷

续表 8-3

中位形式	符 号	中位特点
P	(图)	T 口封闭，P、A、B 导通。换向平稳，换向位置精度低；执行元件浮动，重新启动时有冲击；液压泵在中位时不卸荷
M	(图)	换向位置精度高，但液压冲击大；重新启动时较平稳；在中位时液压泵卸荷

(4) 几种常用的换向阀

① 手动换向阀　手动换向阀是用手动杠杆操纵阀芯换位的换向阀。按换向定位方式不同，分为弹簧复位式如图 8-19(a) 和钢球定位式如图 8-19(b) 所示。前者在手动操纵结束后，弹簧力的作用使阀芯能够自动回复到中间位置；后者由于定位弹簧的作用使钢球卡在定位槽中，换向后可以实现位置的保持。

图 8-19(a) 为弹簧复位式三位四通手动换阀的工作原理图。若向左推动手柄 1，阀芯 2 则压缩弹簧 3 向右移动，使 P 与 A、O 与 B 分别连通(图形符号为左位)；当向右拉动手柄 1，阀芯 2 则压缩弹簧 3 向左移动，使 P 与 B、O 与 A 分别连通(职能符号为右位)。松开手柄后，阀芯在弹簧恢复力的作用下自动恢复到中间位置(图形符号的中位)，此时，P、O、A、B 互不相通(O 型机能)。钢球定位式三位四通手动换向阀当操纵手柄外力消除后，阀芯依靠钢球定位保持在换向位置，见图 8-19(b)。手动换向阀结构简单，动作可靠，一般情况下还可以人为地控制阀开口的大小，从而控制执行元件的速度，在工程机械中得到广泛应用。

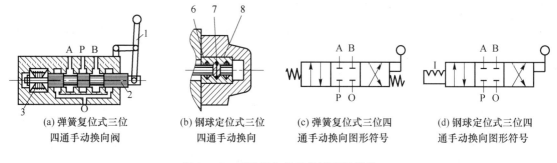

(a) 弹簧复位式三位　　(b) 钢球定位式三位　　(c) 弹簧复位式三位四　　(d) 钢球定位式三位四
四通手动换向阀　　四通手动换向　　通手动换向图形符号　　通手动换向图形符号

图 8-19　手动换向阀工作原理及符号

② 电磁换向阀　电磁动换向阀简称电磁换向阀，它是靠通电线圈对衔铁的吸引转化而来的推力操纵阀芯换位的换向阀。如图 8-20 所示为电磁铁断电状态，在弹簧力的作用下，阀芯处在常态位(中位)。当左侧的电磁铁通电吸合时，衔铁通过推杆将阀芯推至右端，则 P、A 和 B、T 分别导通，换向阀在图形符号的左位工作；当右端电磁铁通电时，换向阀就在右位工作。

电磁阀按其电磁铁的电源类型有交流和直流之分，按电磁铁的衔铁是否浸在油中，有干式和湿式之别。交流电磁铁结构简单，使用方便，启动力大，动作快；但换向冲击大，噪声大，换向

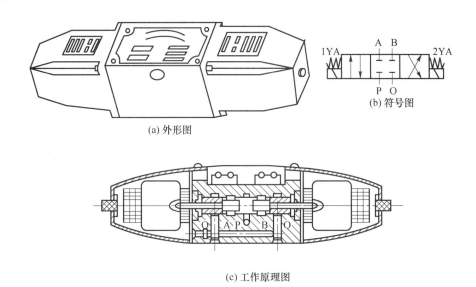

1—电磁铁;2—顶杆;3—阀芯;4—阀体;5—弹簧

图 8-20　三位四通电磁换向阀

频率不能太高,当阀芯被卡住或由于电压低等原因吸合不上时,线圈易烧坏。直流电磁铁需直流电源或整流装置,但换向冲击小,换向频率允许较高,而且有恒电流特性,电磁铁吸合不上时线圈也不会烧坏,故工作可靠性高。干式电磁铁不允许油液进入电磁铁内部,推动阀芯的推杆处要有可靠的密封,摩擦阻力大,运动有冲击,噪声大,使用寿命较短;湿式电磁铁中装有隔磁套,回油可以进入隔磁套内,衔铁在隔磁套内运动,阀体内没有运动密封,阀芯运动阻力小,油液对衔铁的润滑和阻尼作用,使阀芯的运动平稳,噪声小,使用寿命长,但其价格较贵。

③ 液动换向阀　电磁换向阀动作灵敏,易于实现自动控制,但电磁铁吸力有限。当液压阀规格较大,通过的流量大时,产生的液动力就很大,这时电磁力很难满足换向要求。实际上,当换向阀的通径大于 10 mm 时,常采用液压力来操纵阀芯换位。采用液压力操纵阀芯换位的液压阀称为液动阀,如图 8-21(a)为三位四通液动换向阀的结构原理图。图 8-21(b)为其图形符号,K_1、K_2 为液控口。

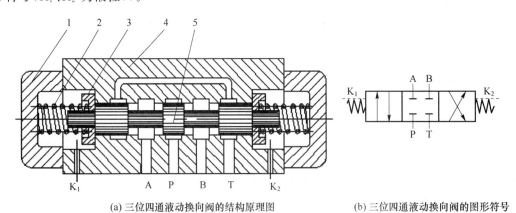

图 8-21　三位四通液动换向阀

当 K_1 接通控制油,液控口 K_2 回油时,阀芯右移,P 与 A 连通、T 与 B 连通;当 K_2 接通控制油,液控口 K_1 回油时,阀芯左移,P 与 B 连通、T 与 A 连通;若 K_1、K_2 都不通压力油,则阀芯在两端作用下处于中间位置(即图示位置)。

液动换向阀适用于压力高、流量大、阀芯移动距离长等场合。

④ 电液动换向阀　驱动液动换向阀的液压油可以采用机动阀、手动阀或电磁换向阀来进行控制。采用电磁换向阀控制液动换向阀的组合称为电液动换向阀,简称电液换向阀。它集中了电磁换向阀和液动换向阀的优点。这里,电磁换向阀起先导控制作用,称为先导阀,液动换向阀为主阀,控制主油路换向。电液动换向阀结构如图 8-22(a)所示。当先导电磁阀的电磁铁 1YA、2YA 均不通电时,先导电磁阀阀芯处于中位,液动换向阀的左、右控制腔经 K_1、K_2 节流阀,先导电磁阀中位连通油箱,因此,液动换向阀在两端弹簧作用下平衡于中位。当 1YA 通电,2YA 不通电时,电磁换向阀处于左位,液控油经 K_1 中单向阀进入液动换向阀左端,推动阀芯右移,阀芯右端液控油经 K_2 中节流阀,先导电磁阀回油箱。同理,当 2YA 通电,1YA 不通电时,先导电磁阀于右位则液动换向阀也随之处于右位。

图 8-22(b)为电液动换向阀的图形符号。电液动换向阀的外形如图 8-22(c)所示。

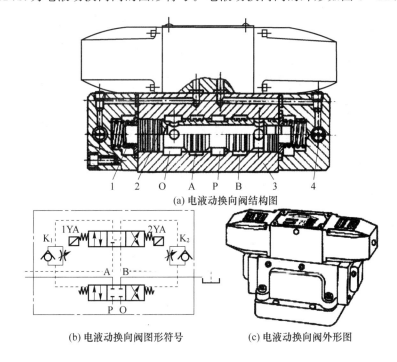

(a) 电液动换向阀结构图

(b) 电液动换向阀图形符号　(c) 电液动换向阀外形图

图 8-22　电液动换向阀

8.3.2　压力控制阀

在液压系统中,控制系统油液压力的阀通称为压力控制阀。压力控制阀是利用作用在阀芯上的油液压力与弹簧力相平衡的原理,实现压力控制的。常见的压力控制阀按功用分为溢流阀、减压阀、顺序阀、压力继电器等。

1. 溢流阀

溢流阀通常安装在液压泵的出口处,并联在系统油路中,利用系统油压开启阀口,让多余的油液溢流回油箱,使被控制系统或回路的压力保持恒定。溢流阀按其结构原理可分为直动式和先导式两种。

(1) 直动式溢流阀

直动式溢流阀又称普通溢流阀或低压溢流阀。滑阀式直动溢流阀工作原理如图 8-23 所示。进口的压力油通过阀体内的通道引入阀芯下端,直接与上端的弹簧相互作用,弹簧腔的泄漏油与出油口相连。当进口油压升高到能克服弹簧阻力时,便推动阀芯运动,油液就由进油口 P 流入,从回油口 O 流回油箱。当系统压力变化时,通过溢流阀的流量变化,阀口开度变化,弹簧压缩量也随之改变。在弹簧压缩量变化甚小的情况下,可以认为阀芯在液压力和弹簧力作用下保持平衡,溢流阀进口处的压力 p 基本保持在弹簧调定值。拧动调压螺钉 3,改变弹簧的预压缩量,便可调

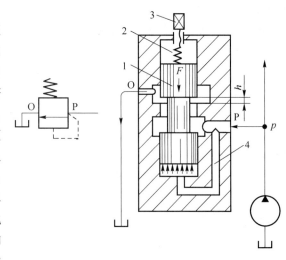

1—阀芯;2—弹簧;3—调压螺钉;4—阀体内部通道

图 8-23 直动式溢流阀工作原理

整溢流阀的溢流压力。这种溢流阀因为其作用在阀芯上的液压力直接和调压弹簧力抗衡,所以称为直动式溢流阀。由于液压力直接作用于弹簧的结构原因,需要的弹簧刚度很大,当溢流量较大时,阀口开度增大,弹簧的压缩量增大,控制的油液压力波动大,调压螺钉调节所需力量也大。所以普通直动型溢流阀适用于低压小流量系统。

(2) 先导式溢流阀

先导式溢流阀外形如图 8-24(a)所示,图 8-24(b)为先导式溢流阀的结构图,由主阀和先导阀两部分组成。主阀由主阀体、主阀芯 9、小弹簧 7 等组成;先导阀是普通直动式锥阀芯溢流阀。

当先导式溢流阀的进油口 P 通入压力油时,压力油一部分可通过主阀芯上的中心孔 11 进入左侧油腔 12,另一部分通过先导阀体上的油孔 10、阻尼孔 8 进入阀芯右油腔,经先导阀油孔 6、先导式溢流阀 5 作用在锥形阀芯 4 上。当溢流阀进油口 P 处的压力较小不能顶开先导阀芯时,主阀芯上的阻尼孔只起通油作用,这时主阀芯左、右两腔的液压力相等,而左腔又有一个小弹簧力的作用,必使主阀芯处在右端极限位置,封闭 P 到 O 的溢流通道;当压力增大到先导锥阀芯的开启压力时,先导锥阀芯打开,油液可以经过主阀芯上的泄油孔道 14 流回主阀的回油腔 O,实行内泄。由于阻尼孔 8 的液阻很大,靠流动阻力的作用产生压力降,使主阀芯所受的液压力不平衡,当入口处的液压力达到溢流阀的调定压力,这时溢流阀阀芯右侧作用的液压力大于左侧的液压力与小弹簧的作用力之和,主阀芯开始向左运动,打开 P 到 O 的通道而产生溢流,实现溢流稳压的目的。调节先导阀的调压手轮 1,便能调整溢流压力;更换不同刚度的调压弹簧,便能得到不同的调压范围。

先导式溢流阀上开有一个液控口 K,图示为控制口封闭状态。当要实行远程控制时,在此口连接一个调压阀,相当于给溢流阀的调压部分并联一个先导调压阀,溢流阀工作压力就由溢流阀本身的先导调压阀和远程控制口上连接的调压阀中较小的调压值决定。液控口 K 上连

接的调压阀(调节压力小于溢流阀本身先导阀的调定值)可以实现对于溢流阀的远程控制或使溢流阀卸荷。若不使用其功能,如图所示堵上远程控制口即可。

在先导型溢流阀中,先导阀的作用是控制和调节溢流压力,其阀口直径较小,即使在较高压力的情况下,作用在锥阀芯上的液压力也不大,因此调压弹簧的刚度不必很大,压力调整也比较轻便;主阀芯的两端均受油压作用,主阀弹簧也只需很小刚度,这样,当溢流量变化而引起弹簧压缩量变化时,进油口的压力变化不大。故先导型溢流阀的稳压性能优于普通直动型溢流阀。但先导型溢流阀是二级阀,其灵敏度低于直动型阀。

先导式溢流阀图形符号如图 8-24(c)所示。

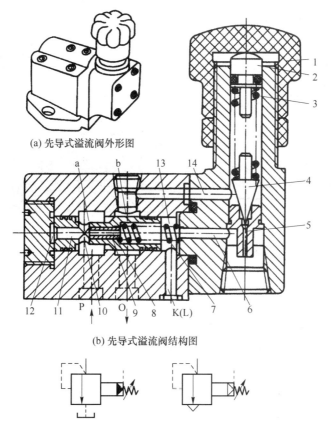

图 8-24 先导式溢流阀

2. 减压阀

减压阀是使出口压力低于进口压力的一种压力控制阀。利用减压阀可降低系统提供的压力,使同一系统具有两个或两个以上的压力回路。减压阀一般串联在油路中。减压阀根据功能的不同可以分为定值减压阀、定差减压阀和定比减压阀。

图 8-25(b)为减压阀的外形图,其工作原理如图 8-25(c)所示。主系统的压力油 P_1 由进油口进入主阀 a 腔,经狭窄的开口 h 油压降为 P_2 到达 b 腔,b 腔中的压力油一部分由出油口向外输出 P_2 的压力油,另一部分则经主阀芯 8 的中心孔 9 阻尼孔 10,分别作用于主阀芯的

左右两端,主阀芯右端的液压油再经先导阀油孔 5、4 作用在锥形阀芯 3 上。上端弹簧腔的泄漏油经 L 单独接回油箱。减压阀没有工作时,由于弹簧力的作用,阀芯处在下端的极限位置,阀口是常通的。

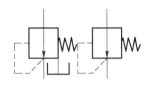

(a) 减压阀图形符号

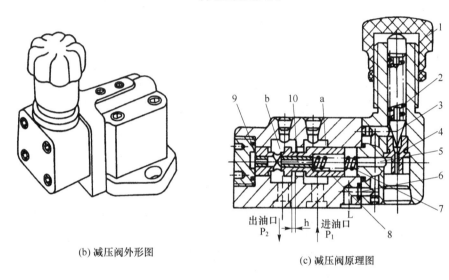

(b) 减压阀外形图　　　(c) 减压阀原理图

图 8 - 25　减压阀

当减压阀出口的压力较小,不足以顶开先导阀芯时,主阀芯上的阻尼孔只起通油作用,使主阀芯左、右两腔的液压力相等,而左腔又有一个小弹簧力的作用,必使主阀芯处在右端极限位置,使节流降压口 h 大开,减压阀不起减压作用;当压力增大到先导锥阀芯的开启压力时,先导锥阀芯打开,泄漏油液可以经过泄油孔道单独流回油箱,实行外泄。减压阀在调定压力下正常工作时,由于出口压力与先导阀溢流压力和主阀芯弹簧力的平衡作用,维持节流降压口 h 为定值。当出口压力增大,由于阻尼孔流动阻力的作用产生压力降,主阀芯所受的力不平衡,使阀芯左移,减小节流降压口 h,使节流降压作用增强;反之,出口的压力减小时,阀芯右移,增大节流降压口 h,使节流降压作用减弱,控制出口的压力维持在调定值。

减压阀与先导式溢流阀的区别:
① 主阀芯的动作减压阀由出口压力控制,溢流阀由进口压力控制;
② 减压阀开口随出口油压升高而减小,溢流阀开口则随进口油压升高而增大;
③ 常态下减压阀开口为常开,溢流阀为常闭。

图 8 - 25(a) 为减压阀的图形符号。

3. **顺序阀**

顺序阀是利用油路中压力的变化来控制阀口的启闭,以实现各工作部件依次顺序动作的液压元件。常用于控制多个执行元件的顺序动作,故名顺序阀。顺序阀按结构不同分为直动式和先导式两种,当顺序阀利用外来液压力进行控制时,称液控顺序阀。不论是直动式还是先导式顺序阀都和对应的溢流阀原理相类似,主要不同在于溢流阀调压弹簧腔的泄漏油和出油口相连,而顺序阀单独接回油箱。

(1) 直动式顺序阀

图 8-26(a) 为直动式顺序阀外形图。直动式顺序阀的工作原理如图 8-26(c) 所示,液压油 P_1 由进油口进入主阀腔 a,分两路到主阀芯 13 的左、右两端及先导阀芯下部。当作用于先导阀芯下的液压力大于先导阀弹簧 7 的弹力时,打开先导阀口,油液经油孔 18、泄油口 L 流回油箱,使主阀芯右端的液压力下降。当主阀芯右端液压作用力与主弹簧 11 的弹力之和小于主阀芯左端的液压作用力时,主阀芯向右移过开口 h,打开主阀口,液压油 P_2 从出油口流出至下一级动作元件。图 8-26(b) 为直动式顺序阀图形符号。

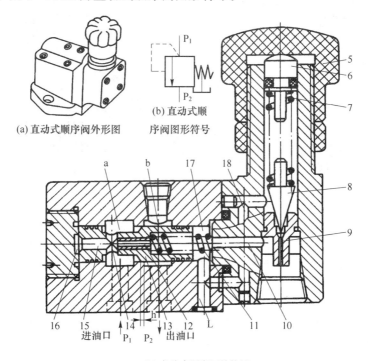

图 8-26 直动式顺序阀

(2) 液控式顺序阀

液控式顺序阀与直动式顺序阀结构上的主要区别是液控式顺序阀的阀芯无中心孔,而在阀体上开有一外接液控口,由此可引进液控油从而控制阀芯动作。图 8-27 为管式连接的液控顺序阀。外接控制油液从控制口 K 进入阀内,作用在阀芯底部,若该作用力大于上端调压弹簧的调定值时,阀芯上移,阀口打开,液压油经 P_1 和 P_2 两油口流至下一级动作元件。

4. 压力继电器

压力继电器是将液压信号转变为电信号的一种信号转换元件,它根据液压系统的压力变化自动接通和断开相关电路,借以实现程序控制和安全保护作用。图 8-28(a) 为压力继电器的结构原理。其底部有一液控口 K 与系统连通。当 K 口连接的压力油压力达到压力继电器动作的调定压力时,阀芯向上移动,阀芯推动钢球 7 左移,按下触头 1,微动开关 2 被接通,发出电信号,被控制元件动作;当系统压力(即 K 口输入压力油压力)下降到压力继电器动作的调定压力之下,阀芯 8 在弹簧恢复力的作用下下移,微动开关复位,电信号中断。调节调压螺钉 3 便可调整弹簧力,从而控制发送电信号时的系统压力。

压力继电器的图形符号如图 8-28(b)所示。

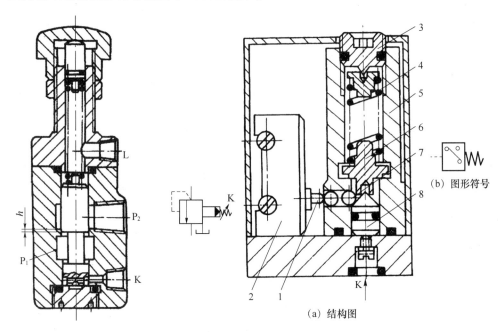

图 8-27 液控式顺序阀

1—触头;2—微动开关;3—调节螺钉;4—弹簧;
5—阀体;6—弹簧座;7—钢球;8—阀芯

图 8-28 滑阀式压力继电器

8.3.3 流量控制阀

流量控制阀是液压系统中靠改变阀口的通流面积大小或通流通道长短来控制流量的液压元件。一般串联在需要控制的执行元件运动速度的回路中。通常分为普通节流阀、调速阀和溢流节流阀等。

流量控制阀起节流作用的阀口称节流口,节流口的大小以通流面积来度量。节流口的形式很多,常用的几种形式如图 8-29 所示。

① 针阀式节流口　如图 8-29(a)所示,针阀式节流口通流面积的大小由调节螺钉调节,拧动调节螺钉使阀芯做轴向移动,则调节环形通道的大小,从而调节流量。

② 偏心槽式节流口　如图 8-29(b)所示,在阀芯上开有一个截面为三角形(或矩形)的偏心槽,转动阀芯时就可调节通道的大小,即调节流量。

以上两种节流口形均具有结构较简单、制造容易等优点,但易堵塞,常用于性能要求不高的液压系统中。

③ 轴向三角沟槽式节流口　如图 8-29(c)所示,在圆柱阀芯端部沿轴线方向开有一个或两个三角斜沟,轴向移动阀芯时,可以改变三角沟通流截面的大小,使流量得到调节。这种节流形式,结构简单、制造容易,小流量时稳定性好,不易堵塞,应用广泛。

④ 周向缝隙式节流口　如图 8-29(d)所示,周向缝隙式节流口阀芯为中空圆柱,在阀芯上开有一条狭缝,液压油从进油口进入阀芯内孔,经阀芯上的缝隙由出油口流出。转动阀芯改变缝隙的通流面积,从而调节流量的大小。这种节流形式,油温变化对流量影响很小,不易堵塞,流量小时工作仍可靠,应用广泛。

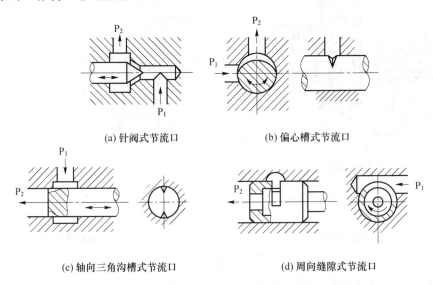

(a) 针阀式节流口　　(b) 偏心槽式节流口

(c) 轴向三角沟槽式节流口　　(d) 周向缝隙式节流口

图 8-29　节流口的形式

1. 节流阀

(1) 普通节流阀

节流阀的结构原理如图 8-30(a)所示。由阀芯 1、推杆 2、调节手把 3、弹簧 4 等组成。本阀采用三角槽式结构节流口形式,通过调节手把 3 可以调节节流口的通流面积,即可以调节通过节流阀的流量。在结构上,节流阀的阀芯 1 上开有中心小孔,使阀芯的两端所受的液压力相平衡,调节手把 3 作用于推杆 2,使阀芯 1 轴向移动,可以方便地对阀芯进行调节(改变节流口)。阀芯上所开的三角形节流阀口采用倒三角结构,即节流阀的油液是从上面流入,由下面流出的,使阀在小流量(阀口很小)时不易堵塞。

图 8-30(b)为普通节流阀的图形符号。

(2) 单向节流阀

图 8-31(a)为单向节流阀的结构图。单向节流阀由调节螺母 1、顶杆 2、阀体 3、阀芯 4、弹簧 5 等组成。调节螺母 1 利用顶杆 2 可调整阀芯的轴向位置来控制节流口的大小。单向节流阀是普通节流阀与单向控制元件的组合。液压油 P_1 从进油口流入,经阀芯 4 上的三角槽节流后从出油口 P_2 流出。若液压油从出油口 P_2 流入时,则液压力作用于阀芯 4 上克服弹簧 5 的弹力,压下阀芯,液压油不经节流而由进油口 P_1 流出。单向节流阀用于需要单方向控制液压油流量的回路中。

图 8-31(b)为单向节流阀的图形符号。

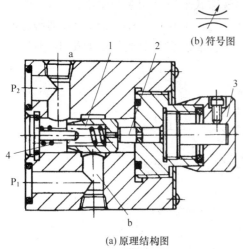
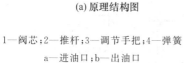
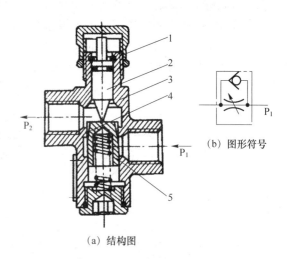

(a) 原理结构图　　　　　　　　　　　(a) 结构图

1—阀芯；2—推杆；3—调节手把；4—弹簧
a—进油口；b—出油口

1—调节螺母；2—顶杆；3—阀体；4—阀芯；5—弹簧

图 8-30　普通节流阀　　　　　　　图 8-31　单向节流阀

2. 调速阀

调速阀是由一减压阀和一节流阀串联而成的组合阀。图 8-32(a)为调速阀的外形图。工作原理如图 8-32(b)所示，液压油 P_1 由进油口进入阀体，经减压阀开口 h 后减压为 P_2，经节流阀 2 节流口流出压力为 P_3 压力的液压油。压力为 P_2 的液压油在阀体内分两路作用在减压阀阀芯上。压力为 P_3 的液压油一部分经调速阀的出口送至执行元件(液压缸)，另一部分在阀体内作用在减压阀弹簧腔的阀芯上。调速阀稳定工作时，减压阀阀芯 1 在弹簧 3 的弹力和弹簧腔内 P_3 压力的液压油作用在阀芯 1 上的液压力与阀芯 1 上压力为 P_2 的液压力共同作用下处于平衡。若负载 F 增加，P_3 增加，弹簧腔压力增加，减压阀阀芯右移，阀口 h 增大，减压能力降低，则 P_2 增大，保持 P_2 与 P_3 的差值基本不变；反之亦然。因此，调速阀工作时，不会因外载荷的变化而改变通过其间的流量，这样执行元件的速度可保持稳定，不受负载变化的影响。

图 8-32(c)为调速阀的图形符号，图 8-32(d)为调速阀简化的图形符号。

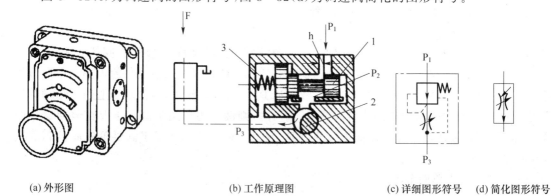

(a) 外形图　　　　(b) 工作原理图　　　　(c) 详细图形符号　　(d) 简化图形符号

图 8-32　调速阀

8.4 辅助元件

液压辅件也是液压系统的基本组成部分之一,常用辅件有油箱、油管和油管接头、压力表和压力表开关、阀类连接板和滤油器、蓄能器等。

8.4.1 油箱

油箱的基本功能是:储存工作介质;散发系统工作中产生的热量;分离油液中混入的空气;沉淀污染物及杂质。按油面是否与大气相通,可分为开式油箱与闭式油箱。开式油箱广泛用于一般的液压系统,闭式油箱则用于水下和高空无稳定气压的场合。

开式油箱结构如图8-33(a)所示,设计要点如下:

① 泵的吸油管与系统回油管之间的距离应尽可能远些,管口都应插于最低液面以下,且离油箱底要大于管径的2~3倍,以免吸空和飞溅起泡,吸油管端部所安装的滤油器,离箱壁要有3倍管径的距离,以便四面进油。回油管口应截成45°斜角,以增大回流截面,并使斜面对着箱壁,以利散热和沉淀杂质。

② 在油箱中设置隔板,以便将吸、回油隔开,迫使油液循环流动,利于散热和沉淀。

③ 设置空气滤清器与液位计。

④ 设置放油口与清洗窗口。

⑤ 最高油面只允许达到油箱高度的80%,油箱底脚高度应在150 mm以上,以便散热、搬移和放油,油箱四周要有吊耳,以便起吊装运。

⑥ 油箱正常工作温度应在15~66℃之间,必要时应安装温度控制系统,或设置加热器和冷却器。

油箱的图形符号如图8-33(b)所示。

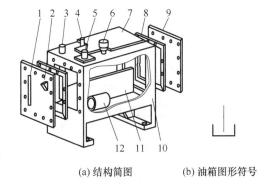

(a) 结构简图　　(b) 油箱图形符号

1—液位计;2—注油管;3—回油管;4—泄油管;5—吸油管;
6—空气过滤器;7—安装板;8—垫片;9—端盖;
10—箱体;11—隔板;12—过滤器

图 8-33　油箱结构示意图

8.4.2 滤油器

液压油中往往含有颗粒状杂质,会造成液压元件相对运动表面的磨损、滑阀卡滞、节流孔口堵塞,使系统工作可靠性大为降低。在系统中安装一定精度的滤油器,是保证液压系统正常工作的必要手段。按滤芯的材料和结构形式,滤油器可分为网式、线隙式、纸质滤芯式、烧结式滤油器及磁性滤油器等。按滤油器安放的位置不同,还可以分为吸滤器,压滤器和回油过滤器。考虑到泵的自吸性能,吸油滤油器多为粗滤器。

① 网式滤油器　图8-34所示为网式滤油器,其滤芯以铜网为过滤材料,在周围开有很多孔的塑料或金属筒形骨架上,包着一层或两层铜丝网。其过滤精度取决于铜网层数和网孔的大小。这种滤油器结构简单,通流能力大,清洗方便,但过滤精度低,一般用于液压泵的吸

油口。

② 线隙式滤油器　线隙式滤油器如图 8-35 所示,用钢线或铝线密绕在筒形骨架的外部来组成滤芯,依靠铜丝间的微小间隙滤除混入液体中的杂质。其结构简单,通流能力大,过滤精度比网式滤油器高,但不易清洗,多为回油过滤器。

③ 纸质滤油器　纸质滤油器如图 8-36 所示,其滤芯为平纹或波纹的酚醛树脂或木浆微孔滤纸制成的纸芯,将纸芯围绕在带孔的镀锡铁做成的骨架上,以增大强度。为增加过滤面积,纸芯一般做成折叠形。其过滤精度较高,一般用于油液的精过滤,但堵塞后无法清洗,须经常更换滤芯。

④ 烧结式滤油器　烧结式滤油器如图 8-37 所示,其滤芯用金属粉末烧结而成,利用颗粒间的微孔来挡住油液中的杂质通过。其滤芯能承受高压,抗腐蚀性好,过滤精度高,适用于要求精滤的高压、高温液压系统。

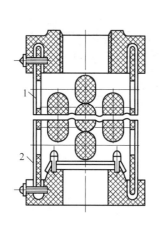

图 8-34　网式滤油器

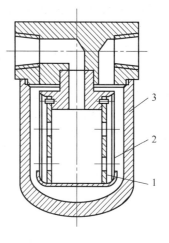

图 8-35　线隙式滤油器

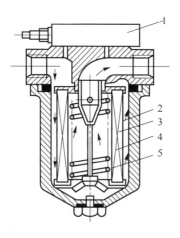

图 8-36　纸质滤油器

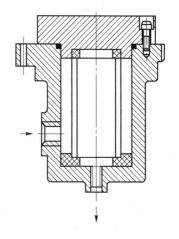

图 8-37　烧结式滤油器

8.4.3　管　件

管件包括管道、管接头和法兰等。其作用是:保证油路的连通,并便于拆卸、安装;根据工作压力、安装位置确定管件的连接结构。与泵、阀等连接的管件应由其接口尺寸决定管径。

1. 管　道

管道特点、种类和适用场合见表 8-4。管道应尽量短,最好横平竖直,拐弯少,为避免管道皱折,减少压力损失,管道装配的弯曲半径要足够大,管道悬伸较长时要适当设置管夹。管道尽量避免交叉,平行管距要大于 100 mm,以防接触振动,并便于安装管接头。软管直线安装时要有 30% 左右的余量,以适应油温变化、受拉和振动的需要。弯曲半径要大于 9 倍软管外径,弯曲处到管接头的距离至少等于 6 倍外径。

表 8-4　管道的种类和适用场合

种　类	特点和适用范围
钢管	价廉、耐油、抗腐、刚性好,但装配不易弯曲成形,常在拆装方便处用作压力管道,中压以上用无缝钢管,低压用焊接钢管
紫铜管	价格高,抗振能力差,易使油液氧化,但易弯曲成形,用于仪表和装配不便处
尼龙管	半透明材料,可观察流动情况,加热后可任意弯曲成形和扩口,冷却后即定形,承压能力较低,一般在 2.8~8 MPa 之间
塑料管	耐油、价廉、装配方便,长期使用会老化,只用于压力低于 0.5 MPa 的回油或泄油管路
橡胶管	用耐油橡胶和钢丝编织层制成,价格高,多用于高压管路;还有一种用耐油橡胶和帆布制成,用于回油管路

2. 管接头

管接头是管道和管道、管道和其他元件(如泵、阀、集成块等)的可拆卸连接件。管接头与其他元件之间可采用普通细牙螺纹连接或锥螺纹连接,如图 8-38 所示。

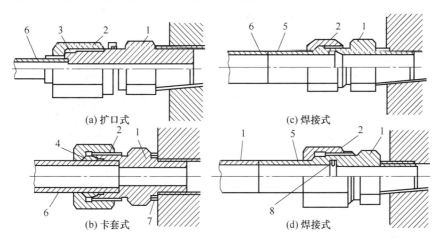

图 8-38　硬管接头的连接形式

① 硬管接头　按管接头和管道的连接方式分,有扩口式管接头、卡套式管接头和焊接式管接头三种。扩口式管接头适用于紫铜管、薄钢管、尼龙管和塑料管等低压管道的连接,拧紧接头螺母,通过管套使管子压紧密封。卡套式管接头拧紧接头螺母后,卡套发生弹性变形便将

管子夹紧,它对轴向尺寸要求不严,装拆方便,但对连接用管道的尺寸精度要求较高。焊接式管接头接管与接头体之间的密封方式有球面、锥面接触密封和平面加O形圈密封两种。前者有自位性,安装要求低,耐高温,但密封可靠性稍差,适用于工作压力不高的液压系统;后者密封性好,可用于高压系统。此外尚有二通、三通、四通、铰接等多种形式的管接头,供不同情况下选用,具体可查阅有关手册。

② 胶管接头　胶管接头有扩口式和扣压式两种,随管径和所用胶管钢丝层数的不同,工作压力在6~40 MPa之间。图8-39为扣压式胶管接头,扩口式胶管接头与其类似,可参见《液压工程手册》。

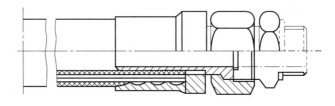

图8-39　扣压式胶管接头

8.4.4　压力表和压力表开关

1. 压力表

压力表是一种指示器,用以观察液压系统的压力。压力表的种类较多,常见的是弹簧弯管式压力表,其工作原理如图8-40(a)所示。压力油进入弹簧弯管1时,弯管变形而曲率半径加大,经放大机构带动指针4转动,在刻度盘上就可读出压力值。进入弯管的压力大,弯管变形大,指针偏转角度大;反之,偏转角度小。压力表精度等级的数值是压力表最大误差占压力表的量程(测量范围)的百分数。压力表的精度等级越高,测量误差就越小。在选用压力表时,一般选压力表的量程为系统最高工作压力的1.5倍。压力表必须直立安装。在系统与压力表连接通道上,通常设置有阻尼小孔,以防止压力冲击而损坏压力表。

图8-40(b)为压力表图形符号。

2. 压力表开关

压力表开关的一端与压力表连接,另一端与测压油路连接,用于接通或切断压力表的测压油路。压力表开关相当于一种小型的止通阀,它可以防止系统压力突变时损坏压力表。压力表开关按连接方式不同,可分为板式和管式两种;视测压点多少分为单点式和多点式(测压点为1~6点)。图8-41(a)为三点式压力表开关,图(b)为压力表图形符号。

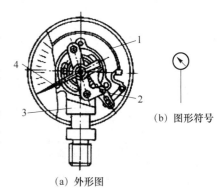

1—弹簧弯管;2—放大机构;
3—机座;4—指针
图8-40　压力表

8.4.5　阀类连接板

在液压系统中液压元件的安装和连接的方式很多,一般液压元件(阀类元件及部分液压辅件)都有管式和板式两种连接形式。

管式元件连接如图8-42所示,是用油管和管接头将元件连接起来形成一个完整的系统。这种连接方式较为简单,方便更改油路设计,但由于管式元件悬空安装易造成振动,且当液压系统较复杂时,需要的油管和管接头数量较多,元件布置较分散,装拆不方便。

板式元件连接如图8-43所示,是将元件集中安装在阀类连接板上,使布局整齐美观,便于元件装拆及更换,系统的调节和操纵也方便。常用的连接板有:安装板、通油板和集成块。

1. 安装板

将板式元件全部安装在一块或几块平板上,在平板背面用管接头和油管将各元件相互连接起来形成一个系统,

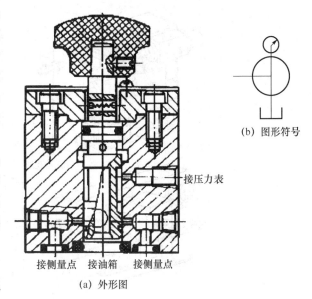

图8-41 三点式压力表开关

如图8-43所示。这种连接方式避免各元件悬空安装,但油管和管接头的数量并没有减少。

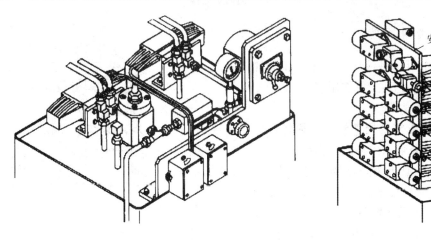

图8-42 管式元件连接　　　　图8-43 安装板连接

2. 通油板

将板式元件全部安装在一块通油板上,各元件间的通道都在通油板内部,通油板外部只有各元件的进、出油孔和通至各执行元件的油管,如图8-44所示。这种连接方式布局整齐紧凑,油管和管接头大量减少,且通道短。但通油板制造较复杂。

3. 集成块

将整个液压系统分为几个单元回路,根据通路要求将每个(或几个)单元回路制成回路集成块,然后将各回路集成块组合起来成为系统,各板式元件就安装在回路集成块上,如图8-45所示。这种连接方式结构紧凑,维修方便,便于通用化、系列化和标准化,使系统设计和制造周期大为缩短,因此被广泛应用。

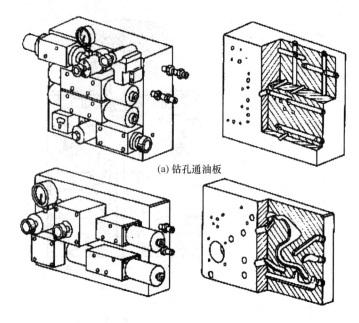

(a) 钻孔通油板

(b) 铸孔通油板

图 8-44 通油板连接

8.4.6 蓄能器

蓄能器的作用是将液压系统中的压力油储存起来,在需要时又重新放出。其主要作用有:

(1) 作辅助动力源

在间歇工作或实现周期性动作循环的液压系统中,蓄能器可以把液压泵输出的多余压力油储存起来。当系统需要时,由蓄能器释放出来。这样可以减少液压泵的额定流量,从而减小电动机功率消耗,降低液压系统温升。

(2) 系统保压或作紧急动力源

对于执行元件长时间不动作,而要保持恒定压力的系统,可用蓄能器来补偿泄漏,从而使压力恒定。对某些系统要求当泵发生故障或停电,执行元件应继续完成必要的动作时,需要有适当容量的蓄能器作紧急动力源。

(3) 吸收系统脉动,缓和液压冲击

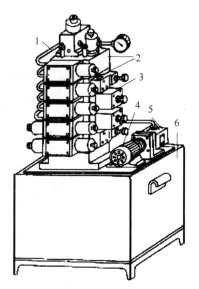

图 8-45 集成块连接

蓄能器能吸收系统压力突变时的冲击,如液压泵突然启动或停止,液压阀突然关闭或开启,液压缸突然运动或停止;也能吸收液压泵工作时的流量脉动所引起的压力脉动,相当于油路中的平滑滤波(在泵的出口处并联一个反应灵敏而惯性小的蓄能器)。

蓄能器通常有重力式、弹簧式和充气式等几种,如图 8-46 所示。目前常用的是利用气体压缩和膨胀来储存、释放液压能的充气式蓄能器。

如图 8-46(a)的重力式蓄能器主要用于冶金等大型液压系统的恒压供油,其缺点是反应慢,结构庞大,现在已很少使用。

图 8-46(b)为弹簧式蓄能器,可利用弹簧的压缩和伸长来储存、释放压力能。它的结构简单,反应灵敏,但容量小,可用于小容量、低压回路起缓冲作用,不适用于高压或高频的工作场合。

活塞式蓄能器中的气体和油液由活塞隔开,其结构如图 8-46(c)所示。这种蓄能器结构简单、寿命长,它主要用于大体积和大流量。但因活塞有一定的惯性和 O 形密封圈存在较大的摩擦力,所以反应不够灵敏。

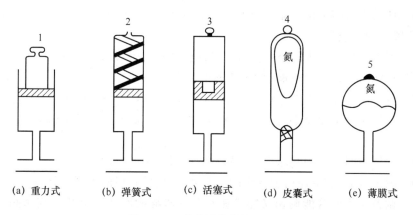

图 8-46 蓄能器的结构形式

皮囊式蓄能器中气体和油液用皮囊隔开,其结构如图 8-46(d)所示。皮囊用耐油橡胶制成,固定在耐高压的壳体上部,皮囊内充入惰性气体,壳体下端的提升阀由弹簧加菌形阀构成,压力油由此通入,并能在油液全部排出时,防止皮囊膨胀挤出油口。这种结构使气、液密封可靠,并且因皮囊惯性小而克服了活塞式蓄能器响应慢的弱点,因此,它的应用范围非常广泛,其缺点是工艺性较差。

薄膜式蓄能器如图 8-46(e)所示,它是利用薄膜的弹性来储存、释放压力能,主要用于体积和流量较小的情况,如用作减震器,缓冲器等。

练习思考题

8-1 从能量转换的角度说明液压泵、液压马达和液压缸的作用。

8-2 液压泵的基本工作原理是什么?常用的液压泵有哪几种?具体说明一种液压泵的工作过程。

8-3 齿轮泵、叶片泵和柱塞泵一般各适用于什么样的工作压力?

8-4 哪些液压泵可以做成变量泵?其变量原理是怎样的?

8-5 限压式变量叶片泵具有什么样的工作特性?说明限压式变量叶片泵的实用意义。

8-6 简要地说明叶片式液压马达的工作原理。

8-7 双杆活塞式液压缸在结构性能方面有什么特点?

8-8 什么是差动液压缸?差动液压缸在实际应用中有什么优点?

8-9 在图 8-13 所示的单杆液压缸中,已知缸体内径 $D=125$ mm,活塞杆直径 $d=70$ mm,活塞向右运动的速度 $v=0.1$ m/s。求进入液压缸的流量 Q_1 和从液压缸流出的流量

Q_2 各有多大?

8-10 柱塞液压缸有什么特点?

8-11 液压缸的哪些部位需要密封?常见的密封方法有哪些?

8-12 单向阀有什么用途?说明液控单向阀的工作原理并画出它的图形符号。

8-13 电磁换向阀符号如图8-20所示。图中三个方格及字母P、A、B、T各表示什么意思?当电磁铁通电或断电时,该阀和油路的连接情况怎样?

8-14 直流电磁阀和交流电磁阀相比较,它有哪些优点?

8-15 什么是滑阀中位机能?画出两种不同机能的三位五通换向滑阀符号,并说明该阀处于中间位置时的性能特点。

8-16 画出下列换向阀的符号:二位二通电磁阀(常闭);二位三通行程阀;三位四通电磁阀(K型中位机能);三位五通电液动阀(M型中位机能)。

8-17 溢流阀有什么用途?它的工作原理怎样?溢流阀在油路中通常是怎样连接的?

8-18 减压阀具有什么性能?其工作原理如何?减压阀与溢流阀相比较主要有哪些不同?

8-19 举例说明顺序阀和压力继电器在液压系统中的应用。

8-20 画出溢流阀、减压阀和顺序阀的符号,并比较它们的不同之处。

8-21 调速阀为何既能调速又能稳速?在液压缸的回油路上装一调速阀,当负载变化时,它实现稳速的具体过程是怎样的?

8-22 常用的滤油器有哪几种?各有什么特点?

8-23 分别说明蓄能器、压力表开关及油箱的作用。

8-24 参观一台液压机床,指出这台机床用到哪些类型的液压辅件?

第9章 液压基本回路

任何一个液压系统,总是由一些具有各种功能的基本回路所组成。所谓基本回路,就是由液压元件组成,用来完成特定功能的油路结构。液压基本回路包括速度控制回路、压力控制回路、方向控制回路和多缸控制回路。熟悉并掌握这些基本回路的结构原理和性能,对于分析液压系统是非常必要的。

9.1 速度控制回路

速度控制回路是控制和调节液压执行元件运动速度的基本回路。常用的速度控制回路有调速回路、快速运动回路、速度换接回路等。

9.1.1 调速回路

调速回路主要有节流调速、容积调速和容积节流调速三种方式。

1. 节流调速回路

节流调速回路由定量泵、溢流阀、节流阀、液压缸(执行元件)等组成。定量泵供油,通过调节流量阀的通流截面积大小来改变进入执行机构的流量,从而实现执行元件运动速度的调节。节流调速回路按溢流阀在其中的位置不同,分为进油节流调速回路、回油节流调速回路和旁路节流调速回路。

(1) 进油节流调速回路

进油调速回路将节流阀装在液压缸(执行元件)的进油路上,即节流阀串联在定量泵和液压缸之间,溢流阀与其并联成一溢流支路,其调速原理如图 9-1 所示。当调节节流阀的阀口大小,则改变了并联两支路的流量分配,也就改变了进入液压缸的液体流量,从而调节执行元件的运动速度。因为定量泵多余的油液须通过溢流阀流回油箱,因此这种调速回路节流阀和溢流阀必须结合在一起才起调速作用。因溢流阀有溢流,泵的出口压力即溢流阀的调整压力,并基本保持定值。

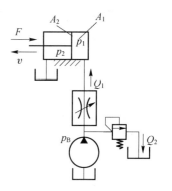

图 9-1 进油节流调速回路

(2) 回油节流调速回路

回油节流调速回路将节流阀安装在液压缸的回油路上,用节流阀控制液压缸的排油量从而实现速度调节,其调速原理如图 9-2 所示。由于进入液压缸的流量 Q_1 受到回油路上排油量的限制,因此用节流阀来调节液压缸排油量,也就调节了进油量。定量泵多余的油液经溢流阀流回油箱。节流阀在回油路上可以产生背压。相对进油调速而言,运动比较平稳,常用于负载变化较大,要求运动平稳的液压系统中。

(3) 旁路节流调速回路

这种回路与进、出口节流调速回路的组成相同,主要区别是将节流阀安装在与液压缸并联的进油支路上,此时回路中的溢流阀做安全阀用,正常工作时处于常闭状态。溢流阀的调定压力应大于最大的工作压力,它仅在回路过载时才打开,起安全保护作用。旁路节流调速回路的速度稳定性比较前两种调速回路差。

上述三种调速回路都存在着速度稳定性问题,若将调速阀代替上述回路的节流阀,则可提高回路的速度刚度,改善速度的稳定性。

2. 容积调速回路

容积调速回路是通过改变回路中液压泵或液压马达的排量来实现调速的。其主要优点是功率损失小(没有溢流损失和节流损失),且其工作压力随负载变化,所以效率高,油温低,适用于高速、大功率系统。

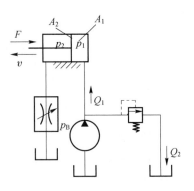

图 9-2 回油节流调速回路

按油路循环方式不同,容积调速回路有开式回路和闭式回路两种。开式回路中泵从油箱吸油,执行机构的回油直接回油箱。油箱容积大,油液能得到较充分冷却,但空气和脏物易进入回路。闭式回路中,液压泵将油输出进入执行机构的进油腔,又从执行机构的回油腔吸油。闭式回路结构紧凑,只需很小的补油箱,但冷却条件差。

容积调速回路通常有三种基本形式:变量泵和定量液动机的容积调速回路;定量泵和变量马达的容积调速回路;变量泵和变量马达的容积调速回路。

(1) 变量泵和定量液动机的容积调速回路

这种调速回路可由变量泵与液压缸或变量泵与定量液压马达组成。容积调速回路工作原理如图 9-3(a)所示,图中活塞 5 的运动速度 v 由变量泵 1 调节,2 为安全阀,4 为换向阀,6 为背压阀。图 9-3(b)所示为采用变量泵 3 来调节液压马达 5 的转速,安全阀 4 用以防止过载,低压辅助泵 1 用以补油,其补油压力由低压溢流阀 6 来调节。

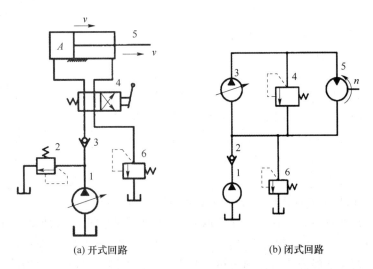

图 9-3 变量泵定量液动机容积调整回路

变量泵和定量液动机所组成的容积调速回路的调速范围,主要决定于变量泵的变量范围,其次是受回路的泄漏和负载的影响。这种回路为恒转矩输出,可正反向实现无级调速,调速范围较大。适用于调速范围较大,要求恒扭矩输出的场合,如大型机床的主运动或进给系统中。

(2) 定量泵和变量马达容积调速回路

该容积调速回路如图 9-4 所示。此回路是由调节变量马达的排量来实现调速。如图 9-4(a)为开式回路,由定量泵1、变量马达2、安全阀3、换向阀4组成;图 9-4(b)为闭式回路,1 为定量泵,2 为变量马达,3 为安全阀,4 为低压溢流阀,5 为补油泵。

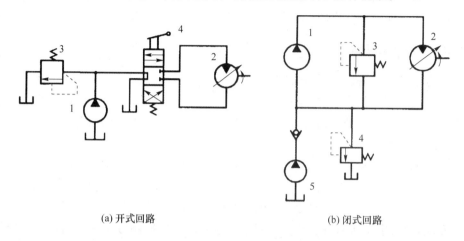

(a) 开式回路　　　　　　　　(b) 闭式回路

图 9-4　定量泵变量马达容积调速回路

此种用调节变量马达排量的调速回路,如果用变量马达来换向,则因为变量马达难以实现平稳换向,所以调速范围比较小,因而较少单独应用。

(3) 变量泵和变量马达的容积调速回路

这种调速回路是上述两种调速回路的组合,其调速特性也具有两者之特点。为合理地利用变量泵和变量马达调速中各自的优点,克服其缺点,在实际应用时,一般采用分段调速的方法。这样,就可使马达的换向平稳。这种容积调速回路的调速范围是变量泵调节范围和变量马达调节范围之乘积,所以其调速范围大,并且有较高的效率。它适用于大功率的场合,如矿山机械、起重机械以及大型机床的主运动液压系统。

3. 容积节流调速回路

容积节流调速回路的基本工作原理是采用压力补偿式变量泵供油,调速阀(或节流阀)调节进入液压缸的流量,并使泵的输出流量自动地与液压缸所需流量相适应。

常用的容积节流调速回路有:限压式变量泵与调速阀等组成的容积节流调速回路;变压式变量泵与节流阀等组成的容积调速回路。图 9-5 所示为限压式变量泵与调速阀组成的调速回路工作原理。在图示位置,若活塞4需快速向右运动,则泵1按快速运动要求调节其输出流量,同时调节限压式变量泵的压力调节螺钉,使泵的限定压力大于快速运动所需压力。当换向阀3通电,泵输出的压力油经调速阀2进入缸4,其回油经背压阀5

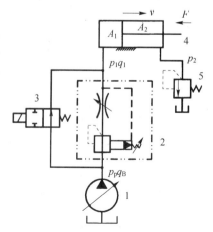

图 9-5　限压式变量泵调速阀容积节流调整回路

回油箱。调节调速阀 2 的流量 q_1 就可调节活塞的运动速度 v,由于 $q_1 < q_B$,压力油迫使泵的出口与调速阀进口之间的油压越高,即泵的供油压力升高,泵的流量便自动减小到 $q_B \approx q_1$ 为止。这种调速回路的运动稳定性、速度负载特性、承载能力和调速范围均与采用调速阀的节流调速回路相同。此回路只有节流损失而无溢流损失。

由上述知,限压式变量泵与调速阀等组成的容积节流调速回路,具有效率高、调速稳定、结构简单等优点。目前已广泛应用于负载变化不大的中、小功率组合机床的液压系统中。

9.1.2 快速运动回路

为了提高生产效率,机床工作部件常常要求实现空行程(或空载)的快速运动。这时需要液压系统流量大而压力低。这和工作运动时一般需要的流量较小和压力较高的情况正好相反。机床上常用的快速运动回路有差动连接回路、双泵供油的快速运动回路。

1. 差动连接增速回路

这是在不增加液压泵输出流量的情况下,来提高工作部件运动速度的一种快速回路。

图 9-6 是差动连接增速回路。其工作过程为当两位三通电磁阀通电(如图示位置)时,活塞快速运动。差动连接时,油缸右侧的回油经两位三通电磁阀左位后,与液压泵的供油一起进入液压缸左腔,使活塞快速向右运动。采用差动连接的快速回路方法简单,较经济,但快慢速度的换接不够平稳。差动油路的换向阀和油管通道应按差动时的流量选择,不然流动液阻过大,会使液压泵的部分油从溢流阀流回油箱,速度减慢,甚至不起差动作用。

2. 双泵供油的快速运动回路

这种回路是利用低压大流量泵和高压小流量泵并联为系统供油,回路见图 9-7。液压泵 1 为高压小流量泵,用以实现工作进给运动。泵 2 为低压大流量泵,用以实现快速运动。溢流阀 5 控制液压泵 1 的供油压力是根据系统所需最大工作压力来调节的,而卸荷阀 3 使液压泵 2 在快速运动时供油,在工作进给时则卸荷,因此它的调整压力应比快速运动时系统所需的压力要高,但比溢流阀 5 的调整压力低。

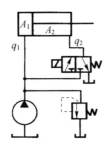

图 9-6 差动连接增速回路

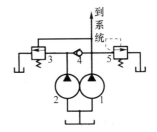

图 9-7 双泵供油回路

双泵供油回路功率利用合理、效率高,并且速度换接较平稳,在快慢速度相差较大的机床中应用很广泛,缺点是要用一个双联泵,油路系统也稍复杂。

9.1.3 速度换接回路

速度换接回路用来实现运动速度的变换,即在原来设计或调节好的几种运动速度中,从一种速度换成另一种速度。对这种回路的要求是速度换接要平稳,即不允许在速度变换的过程中有前冲(速度突然增加)现象。下面介绍几种回路的换接方法及特点。

1. 利用行程节流阀的速度换接回路

图9-8是用单向行程节流阀换接快速运动(简称快进)和工作进给运动(简称工进)的速度换接回路。在图示位置液压缸3右腔的回油可经行程阀4和换向阀2流回油箱,使活塞快速向右运动。当快速运动到达所需位置时,活塞上挡块压下行程阀4,将其通路关闭,这时液压缸3右腔的回油就必须经过节流阀6流回油箱,活塞的运动转换为工作进给运动(简称工进)。当操纵换向阀2使换向阀换向后,压力油可经换向阀2和单向阀5进入液压缸3右腔,使活塞快速向左退回。

在这种速度换接回路中,因为行程阀的通油路是由液压缸活塞的行程控制阀芯移动而逐渐关闭的,所以换接时的位置精度高,冲出量小,运动速度的变换也比较平稳。这种回路在机床液压系统中应用较多,它的缺点是行程阀的安装位置受一定限制(要由挡铁压下),所以有时管路连接稍复杂。行程阀也可以用电磁换向阀来代替,这时电磁阀的安装位置不受限制(挡铁只需要压下行程开关),但其换接精度及速度变换的平稳性较差。

2. 利用液压缸自身结构的速度换接回路

图9-9是利用液压缸本身的管路连接实现的速度换接回路。在图示位置时,活塞快速向右移动,液压缸右腔的回油经油路和换向阀流回油箱。当活塞运动到将油路封闭后,液压缸右腔的回油须经节流阀3流回油箱,活塞则由快速运动变换为工作进给运动。

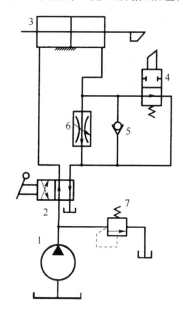

图9-8 利用行程节流阀的
速度换接回路

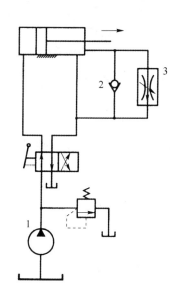

图9-9 利用液压缸自身结构连接
的速度换接回路

这种速度换接回路方法简单,换接较可靠,但速度换接的位置不能调整,所以仅适用于工作情况固定的场合。这种回路也常用作活塞运动到达端部时的缓冲制动回路。

3. 两种工作进给速度的换接回路

对于某些自动机床、注塑机等,需要在自动工作循环中变换两种或两种以上的工作进给速度,这时需要采用两种(或多种)工作进给速度的换接回路。

图 9-10 是利用调速阀实现两种工作进给速度换接的回路。在图 9-10(a)中,两个调速阀并联连接,由电磁阀 3 实现速度换接。当回路处于图示位置时,电磁调速阀 3 左位工作,进入液压缸的流量由调速阀 1 调节;电磁阀 3 右位工作时,进入液压缸的流量由调速阀 2 调节。图 9-10(b)是两个调速阀串联的速度换接回路。图中液压泵输出的压力油经电磁阀 3 和调速阀 1 进入液压缸,这时的流量由调速阀 1 控制。当需要第二种工作进给速度时,阀 3 通电,其右位接入回路,则液压泵输出的压力油先经调速阀 1,再经调速阀 2 进入液压缸,这时的流量应由调速阀 2 控制,这种两个调速阀串联式回路中调速阀 2 的节流口应调得比调速阀 1 小,否则调速阀 2 速度换接回路将不起作用。这种回路在工作时调速阀 1 一直工作,限制着进入液压缸或调速阀 2 的流量,因此在速度换接时不会使液压缸产生前冲现象,换接平稳性较好。在调速阀 2 工作时,油液需经两个调速阀,故能量损失较大,系统发热也较大。

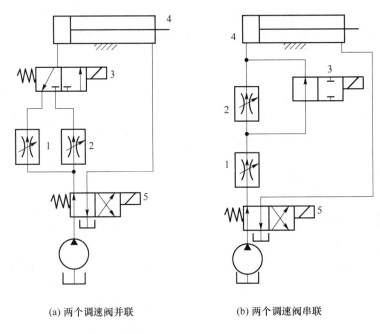

(a) 两个调速阀并联　　　　(b) 两个调速阀串联

图 9-10　用两个调速阀实现速度换接回路

9.2　压力控制回路

压力控制回路的作用是保持系统压力与负载相适应,并保持限制系统(或局部)压力的最大值,保护系统安全工作。利用压力控制回路可实现对系统进行调压(稳压)、减压、增压、卸荷、保压与平衡等各种控制。

9.2.1　调压及限压回路

当液压系统工作时,液压泵应向系统提供所需压力的液压油;同时,又要节省能源,减少油液发热,提高执行元件运动的平稳性。所以,应设置调压或限压回路。当液压泵一直工作在系统的调定压力时,就要通过溢流阀调节并稳定液压泵的工作压力。在变量泵系统中或旁路节流调速系统中用溢流阀(当安全阀用)限制系统的最高安全压力。当系统在不同的工作时间内需要有不同的工作压力,可采用二级或多级调压回路。

1. 单级调压回路

如图 9-11(a)所示,通过液压泵 1 和溢流阀 2 的并联连接,即可组成单级调压回路。通过调节溢流阀的压力,可以改变泵的输出压力。当溢流阀的调定压力确定后,液压泵就在溢流阀的调定压力下工作,从而实现了对液压系统进行调压和稳压控制。如果将液压泵 1 改换为变量泵,这时溢流阀将作为安全阀来使用。液压泵的工作压力低于溢流阀的调定压力,这时溢流阀不工作。当系统出现故障,液压泵的工作压力上升时,一旦压力达到溢流阀的调定压力,溢流阀将开启,并将液压泵的工作压力限制在溢流阀的调定压力下,使液压系统不至因压力过载而受到破坏,从而保护了液压系统。

2. 二级调压回路

图 9-11(b)所示为二级调压回路,该回路可实现两种不同的系统压力控制。由先导型溢流阀 2 和直动式溢流阀 4 各调一级,当二位二通电磁阀 3 处于图示位置时,系统压力由阀 2 调定,当阀 3 得电后处于下位时,系统压力由阀 4 调定,但要注意:阀 4 的调定压力一定要小于阀 2 的调定压力,否则不能实现;当系统压力由阀 4 调定时,先导型溢流阀 2 的先导阀口关闭,但主阀开启,液压泵的溢流流量经主阀回油箱,这时阀 4 亦处于工作状态,并有油液通过。应当指出:若将阀 3 与阀 4 对换位置,则仍可进行二级调压,并且在二级压力转换点上获得比图 9-11(b)所示回路更为稳定的压力转换。

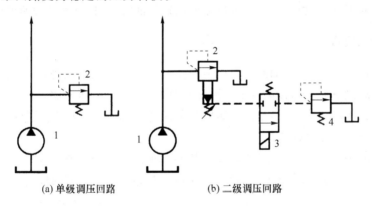

(a) 单级调压回路　　　　　(b) 二级调压回路

图 9-11　调压回路

9.2.2　减压回路

当泵的输出压力是高压而局部回路或支路要求低压时,可以采用减压回路。如机床液压系统中的定位、夹紧以及液压元件的控制油路等,它们往往要求比主油路较低的压力。减压回路较为简单,一般是在所需低压的支路上串接减压阀。采用减压回路虽能方便地获得某支路稳定的低压,但压力油经减压阀口时要产生压力损失。

最常见的减压回路为通过定值减压阀与主油路相连,如图 9-12(a)所示。回路中的单向阀为主油路压力降低(低于减压阀调整压力)时防止油液倒流,起短时保压作用。减压回路中也可以采用类似二级或多级调压的方法获得两级或多级减压。图 9-12(b)所示为利用先导型减压阀 1 的远控口接一远控溢流阀 2,则可由阀 1、阀 2 各调得一种低压。但要注意,阀 2 的调定压力值一定要低于阀 1 的调定减压值。

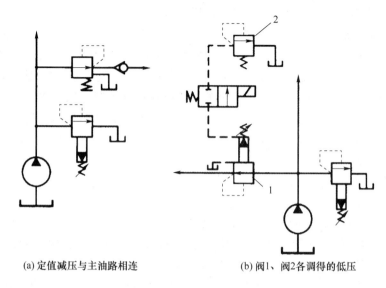

(a) 定值减压与主油路相连　　　(b) 阀1、阀2各调得的低压

图 9-12　减压回路

为了使减压回路工作可靠,减压阀的最低调整压力不应小于 0.5 MPa,最高调整压力至少应比系统压力小 0.5 MPa。当减压回路中的执行元件需要调速时,调速元件应放在减压阀的后面,以免减压阀泄漏(指由减压阀泄油口流回油箱的油液)对执行元件的速度产生影响。

9.2.3　增压回路

如果系统或系统的某一支油路需要压力较高但流量又不大的压力油,而采用高压泵又不经济,或者根本就没有必要增设高压力的液压泵时,就常采用增压回路,这样不仅易于选择液压泵,而且系统工作较可靠,噪声小。增压回路中提高压力的主要元件是增压缸或增压器。

1. 单作用增压缸的增压回路

如图 9-13(a)所示为利用增压缸的单作用增压回路。当系统在图示位置工作时,系统的供油压力 P_1 进入增压缸的大活塞腔,此时在小活塞腔即可得到所需的较高压力 P_2;当二位四通电磁换向阀右位接入系统时,增压缸返回,辅助油箱 3 中的油液经单向阀补入小活塞。因而该回路只能间歇增压,所以称之为单作用增压回路。

2. 双作用增压缸的增压回路

如图 9-13(b)所示为采用双作用增压缸的增压回路,能连续输出高压油。在图示位置,液压泵输出的压力油经换向阀 5 和单向阀 1 进入增压缸左端的大、小活塞腔,右端大活塞腔的回油通油箱,右端小活塞腔增压后的高压油经单向阀 4 输出,此时单向阀 2、3 被关闭。当增压缸活塞移到右端时,换向阀得电换向,增压缸活塞向左移动。同理,左端小活塞腔输出的高压油经单向阀 3 输出,这样,增压缸的活塞不断往复运动,两端便交替输出高压油,从而实现了连续增压。

9.2.4　卸荷回路

卸荷回路的功能是指在液压泵驱动电动机不频繁启闭的情况下,使液压泵在功率输出接近于零的情况下运转,以减少功率损耗,降低系统发热,延长泵和电动机的寿命。因为液压泵

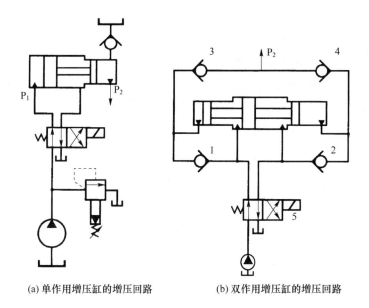

(a) 单作用增压缸的增压回路　　(b) 双作用增压缸的增压回路

图 9-13　增压回路

的输出功率为其流量和压力的乘积,即两者任一近似为零,功率损耗则近似为零。液压泵的卸荷有流量卸荷和压力卸荷两种。前者主要是用于变量泵,使变量泵仅为补偿泄漏而以最小流量运转。此法较简单,但泵仍处在高压状态下运行,磨损较严重;压力卸荷的方法是使泵在接近零压下运转。

常见的压力卸荷回路有:

(1) 用三位阀滑阀机能的卸荷回路

换向阀卸荷回路中,M、H 和 K 型中位机能的三位换向阀处于中位时,液压泵输出的压力油经阀中位直接回油箱,即卸荷液压泵。如图 9-14 所示为采用 M 型中位机能的电液换向阀的卸荷回路。这种回路切换时压力冲击小,但回路中须设置单向阀(背压阀),使系统能保持 0.3 MPa 左右的压力,供操纵控制油路用。

(2) 用先导型溢流阀的远程控制口卸荷

图 9-15 所示,使先导型溢流阀的远程控制口直接与二位二通电磁阀相连,便构成一种用先导型溢流阀的卸荷回路,这种卸荷回路卸荷压力小,切换时冲击也小。但换向阀 3 必须与液压泵的额定流量相适应。

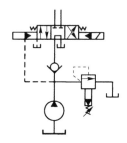
图 9-14　M 型中位机能卸荷回路

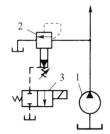
图 9-15　溢流阀远控口卸荷

9.2.5 保压回路

在液压系统中,常要求液压执行机构在一定的行程位置上停止运动或在有微小的位移下稳定地维持住一定的压力,这就要采用保压回路。最简单的保压回路是密封性能较好的液控单向阀的回路。但阀类元件的泄漏使得这种回路的保压时间不能维持太久。在定量泵系统中,设置溢流阀,使油路保持一定的压力,是一种常用的保压方法,但因其效率较低,一般用于液压泵流量不大的情况。

图9-16(a)所示回路为利用蓄能器的保压回路。工作过程如图所示,当主换向阀在左位工作时,液压缸向前运动且压紧工件,进油路压力升高至调定值,压力继电器动作使二通阀通电,泵即卸荷,单向阀自动关闭,液压缸则由蓄能器保压。缸压不足时,压力继电器复位使泵重新工作。保压时间的长短取决于蓄能器容量,调节压力继电器的工作区间即可调节缸中压力的最大值和最小值。

图9-16(b)所示为多缸系统中的保压回路。这种回路当主油路压力降低时,单向阀3关闭,支路由蓄能器保压补偿泄漏,压力继电器5的作用是当支路压力达到预定值时发出信号,使主油路开始动作。

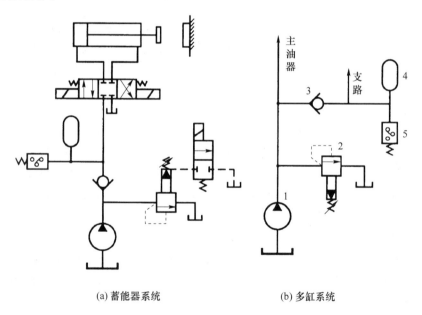

(a) 蓄能器系统　　　　(b) 多缸系统

图9-16　利用蓄能器的保压回路

9.2.6 平衡回路

平衡回路的功能在于防止垂直或倾斜放置的液压缸和与之相连的工作部件因自重而自行下落。图9-17(a)所示为采用单向顺序阀的平衡回路。当1YA得电后,滑阀处于左位,活塞下行,此时,回油路上存在着一定的背压;只要将这个背压调得能支承住活塞和与之相连的工作部件自重,活塞就可以平稳地下落。当换向阀处于中位时,活塞就停止运动,不再继续下移。这种回路当活塞向下快速运动时功率损失大,锁住时活塞和与之相连的工作部件会因单向顺序阀和换向阀的泄漏而缓慢下落,因此它只适用于工作部件重量不大、活塞锁住时定位要求不高的场合。

图 9-17(b)为采用液控顺序阀的平衡回路。当活塞下行时,控制压力油打开液控顺序阀,背压消失,因而回路效率较高;当停止工作时,液控顺序阀关闭以防止活塞和工作部件因自重而下降。这种平衡回路的优点是只有上腔进油时活塞才下行,比较安全可靠;缺点为活塞下行时平稳性较差。这是因为活塞下行时,液压缸上腔油压降低,将使液控顺序阀关闭。当顺序阀关闭时,因活塞停止下行,使液压缸上腔油压升高,又打开液控顺序阀。因此液控顺序阀始终工作于启闭的过渡状态,因而影响工作的平稳性。这种回路适用于运动部件重量不很大、停留时间较短的液压系统中。

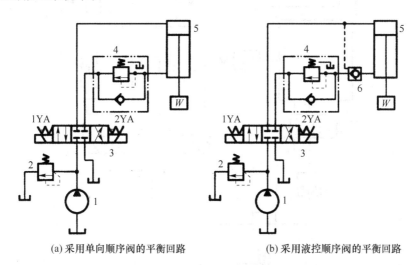

(a) 采用单向顺序阀的平衡回路　　(b) 采用液控顺序阀的平衡回路

1—液压泵;2—溢流阀;3—换向阀;4—单向顺序阀;5—液压缸;6—液控单向阀

图 9-17　采用单向顺序阀的平衡回路

9.3　多缸配合动作回路

在多缸液压系统中,按各液压缸之间动作要求的不同分为顺序动作和同步动作两种。因此,多缸配合动作回路可分为顺序动作回路和同步动作回路。

9.3.1　顺序动作回路

在多缸液压系统中,往往需要按照一定的要求顺序动作。例如,自动车床中刀架的纵横向运动,夹紧机构的定位和夹紧等。顺序动作回路按其控制方式不同,分为压力控制、行程控制和时间控制三类,其中前两类用得较多。

1. 压力控制的顺序动作回路

压力控制是利用油路本身的压力变化来控制阀门,从而控制液压缸的先后动作顺序,其功能主要由压力继电器和顺序阀来实现。

(1) 用压力继电器控制的顺序回路

图 9-18 是机床的夹紧、进给系统。该系统要求的动作顺序是:先将工件夹紧,然后动力滑台进行切削加工。动作循环开始时,二位四通电磁阀处于图示位置,液压泵输出的压力油进

入夹紧缸的右腔,左腔回油,活塞向左移动,将工件夹紧。夹紧后,液压缸右腔的压力升高,当油压超过压力继电器的调定值时,压力继电器发出信号,指令电磁阀的电磁铁 2DT、4DT 通电,进给液压缸动作(其动作原理详见速度换接回路)。可见,油路中要求先夹紧后进给,工件没有夹紧则不能进给,这一严格的顺序是由压力继电器保证的。压力继电器的调整压力应比减压阀的调整压力低 $3\times10^5\sim5\times10^5$ Pa。

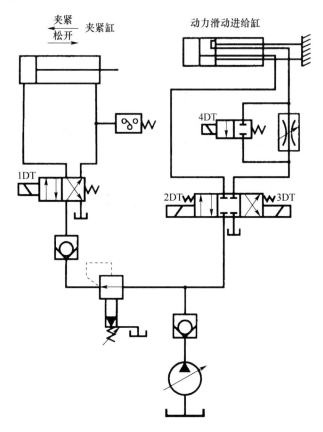

图 9-18 压力继电器控制的顺序回路

(2) 顺序阀控制的顺序动作回路

图 9-19 是采用两个单向顺序阀的压力控制顺序动作回路。其工作过程如下:电磁换向阀左位工作时,由于顺序阀 C 的调定压力大于夹紧油缸 A 的最大前进工作压力,压力油进入液压缸 A 的左腔,实现动作①;当动作①完成后,系统压力上升至顺序阀 C 的调定压力,液压油打开顺序阀 C 进入夹紧液压缸 B 左腔,实现动作②;当电磁换向阀处于右位时,顺序阀 D 的调定压力大于加工液压缸 B 的最大返回工作压力时,压力油进入液压缸 B 的右腔,实现动作③;当动作③完成后,系统压力上升至顺序阀 D 的调定压力,液压油打开顺序阀 D 进入夹紧液压缸 A 右腔,实现动作④;这种顺序动作回路的可靠性,在很大程度上取决于顺序阀的性能及其压力调整值。顺序阀的调整压力应比先动作的液压缸的工作压力高 $8\times10^5\sim10\times10^5$ Pa,以免在系统压力波动时,发生误动作。

2. 行程控制的顺序动作回路

行程控制顺序动作回路是利用工作部件到达一定位置时,发出信号来控制液压缸的先后

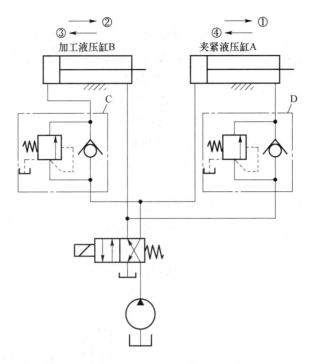

图 9-19 顺序阀控制的顺序回路

动作顺序。它可以利用行程开关、行程阀或顺序缸来实现。

图 9-20 是利用电气行程开关发信号来控制电磁阀先后换向的顺序动作回路。其动作顺序是：按启动按钮，电磁铁 1DT 通电，左电磁阀左位工作，左侧液压缸活塞右行，实现动作①；当挡铁触动行程开关 2XK，使 2DT 通电，右电磁阀左位工作右侧液压缸活塞右行，实现动作②；右侧液压缸活塞右行至行程终点，触动 3XK，使 1DT 断电，左侧液压缸活塞左行，实现动作③；而后触动 1XK，使 2DT 断电，右侧液压缸活塞左行实现动作④。至此，完成一个动作循环。采用电气行程开关控制的顺序回路，调整行程大小和改变动作顺序均甚方便，且可利用电气互锁使动作顺序可靠。

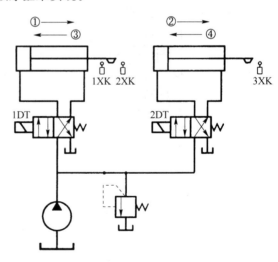

图 9-20 行程控制顺序动作回路

9.3.2 同步回路

使两个或两个以上的液压缸，在运动中保持相同位移或相同速度的回路称为同步回路。在一泵多缸的系统中，尽管液压缸的有效工作面积相等，但是由于运动中所受负载不均衡，摩擦阻力也不相等，泄漏量的不同以及制造上的误差等，从而影响液压缸动作同步。同步回路的作用就是为了克服和减少这些影响，补偿它们在流量上所造成的变化。

1. 串联液压缸的同步回路

图 9-21 为串联液压缸的同步回路。图中第一个液压缸回油腔排出的油液,被送入第二个液压缸的进油腔。如果串联油缸活塞的有效面积相等,便可实现同步运动。这种回路两缸能承受不同的负载,但泵的供油会由于泄漏和制造误差,影响了串联液压缸的同步精度,当活塞往复多次后,会产生严重的失调现象,为此要采取补偿措施。

图 9-22 是两个单作用缸串联,并带有补偿装置的同步回路。为了达到同步运动,缸 1 有杆腔 A 的有效面积应与缸 2 无杆腔 B 的有效面积相等。在活塞下行时,从 A 腔排除的油液即进入 B 腔,使两活塞同步下行。在活塞下行的过程中,如液压缸 1 的活塞先运动到底,触动行程开关 1XK,使电磁铁 1DT 通电,阀 3 处于右位,压力油便经过二位三通电磁阀 3、液控单向阀 5,向液压缸 2 的 B 腔补油,使缸 2 的活塞继续运动到底;如果液压缸 2 的活塞先运动到底,触动行程开关 2XK,使电磁铁 2DT 通电,阀 3 处于左位,此时压力油便经二位三通电磁阀 4 进入液控单向阀的控制油口,液控单向阀 5 反向导通,使缸 1 能通过液控单向阀 5 和二位三通电磁阀 3 回油,使缸 1 的活塞继续运动到底,对每一次下行运动中的失调现象进行补偿,避免误差累计。该串联同步回路只适用于负载较小的液压系统。

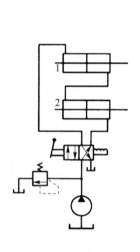

图 9-21 串联液压缸同步回路

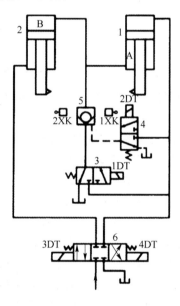

图 9-22 采用补偿措施的串联液压缸

2. 流量控制式同步回路

(1) 调速阀控制的同步回路

图 9-23 为两个并联的液压缸分别用调速阀控制的同步回路。两个调速阀分别调节两缸活塞的运动速度。当两缸有效面积相等时,则流量也调整得相同;若两缸面积不等时,则改变调速阀的流量也能达到同步的运动。

用调速阀控制的同步回路,结构简单,且可调速。但是由于受到油温变化以及调速阀性能差异等影响,同步精度较低,一般在 5%~7% 左右。

(2) 电液比例调速阀控制的同步回路

图 9-24 所示为用电液比例调速阀实现同步运动的回路。回路中使用了一个普通调速阀

1和一个比例调速阀2,它们装在由多个单向阀组成的桥式回路中,并分别控制着液压缸3和4的运动。当两个活塞出现位置误差时,检测装置就会发出信号,调节比例调速阀的开度,使缸4的活塞跟上缸3活塞的运动而实现同步。这种回路的同步精度较高,位置精度可达0.5 mm,已能满足大多数工作部件所要求的同步精度。比例阀性能虽然比不上伺服阀,但费用低,系统对环境适应性强,因此,用它来实现同步控制被认为是一个新的发展方向。

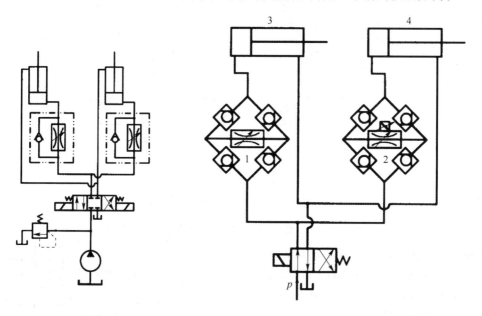

图9-23 调速阀控制的同步回路　　　图9-24 电液比例调速阀控制式同步回路

练习思考题

9-1 进油路节流调速和回油路节流调速在性能方面有什么异同?

9-2 据你所知,实现液压缸快速运动的方法有哪些?画出这些快速运动的回路图。

9-3 在液压系统中,当工作部件停止运动以后,使泵卸荷有什么好处?常用的卸荷方法有哪些?

9-4 用行程阀的顺序动作回路和用电磁阀的顺序动作回路两者各有什么优点?

9-5 图9-25所示为一顺序动作回路,设阀A、B、C、D的调整压力分别为p_A、p_B、p_C、p_D,定位动作负载为0,若不计油管及换向阀、单向阀的压力损失,试分析确定:

(1) A、B、C、D四元件间的压力调整关系;

(2) 当1DT瞬时通电后,定位液压缸作定位动作时,1、2、3、4点的压力;

(3) 定位液压缸到位后,夹紧液压缸动作时,1、2、3、4点处的压力;

(4) 夹紧液压缸到位后,1、2、3、4点处的压力又如何?

9-6 如图9-26所示为液压系统能否实现缸A运动到终点后缸B才动作的功能?若不能实现,请问在不能增加液压元件的条件下如何改进?

9-7 图9-27所示为一种采用增速缸的液压机液压系统回路。柱塞与缸体一起固定在机座上,大活塞与活动横梁相连可以上下移动。已知:$D=400$ mm,$D_1=120$ mm,$D_2=$

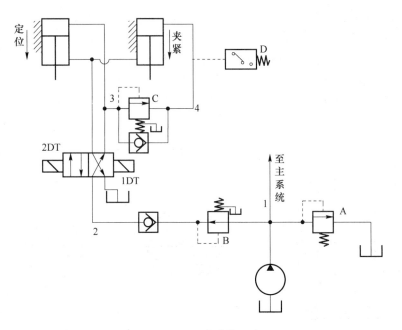

图 9-25 顺序动作回路

$160\ mm$,$D_3 = 360\ mm$,液压机的最大压下力 $F=3\ 000\ kN$,移动部件自重为 $G=20\ kN$,摩擦阻力忽略不计,液压泵的流量 $q_P = 65\ L/min$。问:

(1) 液控单向阀 C 和顺序阀 B 的作用是什么?

(2) 顺序阀 B 和溢流阀的调定压力为多少?

(3) 通过液控单向阀 C 的流量为多少?

9-8 如图 9-28 所示,已知 $q_P = 10\ L/min$,$p_Y = 5\ MPa$,两节流阀均为薄壁小孔型节流阀,其流量系数均为 $C_q = 0.62$,节流阀 1 的节流面积 $A_{T1} = 0.02\ cm^2$,节流阀 2 的节流面积 $A_{T2} = 0.01\ cm^2$,油液密度 $\rho = 900\ kg/m^3$,当活塞克服负载向右运动时,求:

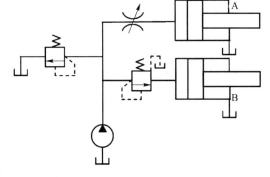

图 9-26 液压系统

(1) 液压缸左腔的最大工作压力;

(2) 溢流阀的最大溢流量。

9-9 在图 9-29 所示的定量泵-变量马达回路中,定量泵 1 的排量 $V_P = 80 \times 10^{-6}\ m^3/r$,转速 $n_P = 1\ 500\ r/min$,机械效率 $\eta_{Pm} = 0.84$,容积效率 $\eta_{Pv} = 0.9$,变量液压马达的最大排量 $V_{M,max} = 65 \times 10^{-6}\ m^3/r$,容积效率 $\eta_{Mv} = 0.9$,机械效率 $\eta_{Mm} = 0.84$,管路高压侧压力损失 $\Delta p = 1.3\ MPa$,不计管路泄漏,回路的最高工作压力 $p_{max} = 13.5\ MPa$,溢流阀 4 的调整压力 $p_Y = 0.5\ MPa$,变量液压马达驱动扭矩 $T_M = 34\ N \cdot m$,为恒扭矩负载。求:

(1) 变量液压马达的最低转速及其在该转速下的压力降;

(2) 变量液压马达的最高转速;

(3) 回路的最大输出功率。

第 9 章 液压基本回路

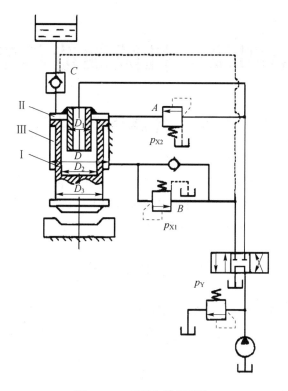

图 9-27 增速缸液压回路

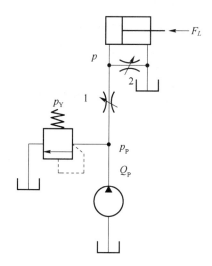

图 9-28 变量泵-变量马达回路

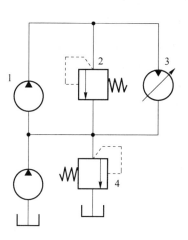

图 9-29 定量泵-变量回路

第四篇 机械制造基础

第 10 章 金属的成型基础

铸造、锻造和焊接是三种金属材料热加工的不同方法。它们除了提供少量的机械零件成品外,主要提供机械零件毛坯,供切削机床进行切削加工。铸造、锻造和焊接是机械制造过程中主要的加工方法,在机械制造中占有很重要的地位。

10.1 铸造成型

将熔融金属浇入到与零件形状和尺寸相适应的铸型型腔中,冷却凝固后,获得一定性能的毛坯或零件的方法称为铸造。铸造所得到的毛坯或零件称为铸件,通常毛坯经机械加工制成零件。

铸造生产有以下特点:
① 可以生产形状复杂、特别是内腔复杂的铸件。
② 适应范围较广。铸件的重量和尺寸基本不受限制。
③ 铸件的形状与尺寸和零件很接近,可以节约金属材料和机械切削加工工时。
④ 可用各种合金来生产铸件。如铸铁、铸钢、合金钢、铜合金、铝合金等。
⑤ 铸件的成本低。原材料来源广,价格低廉,可重复利用。

但铸造生产也有些不足之处,如生产工序多、质量不够稳定,废品率较高;生产条件差。随着铸造技术的迅速发展,这些不足之处正逐步得到改善。

铸造方法通常分为砂型铸造和特种铸造。

10.1.1 砂型铸造工艺

用型芯砂和型砂制造铸型的方法称砂型铸造。砂型铸造是目前应用最广泛的铸造方法。砂型铸造的工艺过程如图 10-1 所示。

一、砂型的制造

用砂与粘土等制成的铸型称为砂型。

1. 造型材料

制作砂型用的造型材料包括型砂、芯砂和涂料等。它们用砂、水、黏结剂和附加物配制而成。型(芯)砂性能好坏直接影响铸件的质量。所以型(芯)砂必须有足够的强度,使铸型在制造、搬运、浇注过程中不变形、不损坏;一定的透气性,避免铸件产生气孔;良好的耐火性,使型砂不被烧焦、不被熔融;良好的可塑性,以满足各种型腔的制造;一定的退让性,避免铸件冷却收缩受阻而产生裂纹。

在型(芯)组成物质中,原砂最好呈圆形,越均匀越好,砂中 SiO_2 含量越高,则耐火性越高;

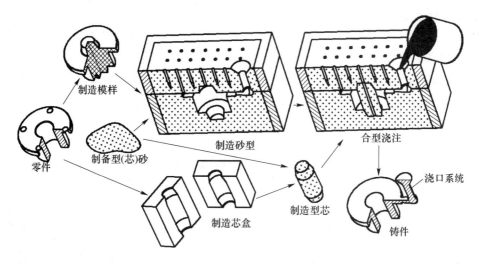

图 10-1 砂型铸造的工艺过程示意图

粘结剂的作用是将砂粒粘结起来,使型砂具有一定的强度和可塑性;为了改善和提高型砂的性能,有时还需加入附加材料,如加入煤粉,可防止铸件表面粘砂,加入木屑等,可改善透气性、退让性。

2. 造 型

造型是砂型铸造的主要工艺过程之一,通常可分为手工造型和机器造型两大类。

(1) 手工造型

紧砂和起模用手工完成称为手工造型。手工造型适用于单件小批量生产。特点是操作灵活、适用性强、模样成本低。但铸件质量差、生产率低,劳动强度大。

手工造型的方法较多,生产中根据铸件的形状、大小和生产批量的不同进行合理选择。常用手工造型的方法的特点,适用范围如表 10-1 所列。

表 10-1 手工造型方法的特点和适用范围

造型方法	特 点	适 用 范 围
整模造型	模型为一整体,分型面为平面,放在下箱内。不会错箱,造型简单	适用形状较简单,最大截面靠一端,且为平面的铸件
分模造型	模型沿最大截面处一分为二,型腔在上、下两个半型内。造型简单,省工省时,应用最广	适用铸件的最大截面在中部或回转体的铸件
三箱造型	模型由上、中、下三个沙箱构成,中箱高度须与铸件两个分型面的间距相适用,操作费时	适用批量较小具有两个分型面的铸件
挖砂造型	模型为整体,分型面为曲面,造型时用手工挖去阻碍起模的型砂。造型费时,生产率低	适用批量较小,曲面分型的铸件

(2) 机器造型

将紧砂和起模实现机械化的造型方法称为机器造型。造型机的种类多种多样,其中以振动压实式应用最广。其特点是:生产率高,易于掌握,铸型质量好,工人的劳动条件得到了改善。但是机器造型的设备及工艺装备费用高,生产准备时间较长。适用于成批、大量生产。

3. 造芯的方法

型芯作用主要是形成铸件的内腔。由于型芯的工作条件差,因此要求型芯有好的耐火度、透气性、强度和退让性。

造芯方法与造型方法相同,既可用手工造芯,也可用机器造芯。造芯可用芯盒,也可用刮板,其中用芯盒造芯是最常用的方法。芯盒按其结构不同,可分为整体式芯盒,垂直对分式芯盒和可拆式芯盒三种。

4. 浇注系统

引导液态金属流入铸型型腔的通道称为浇注系统。典型的浇注系统由外浇口、直浇道、横浇道和内浇道四部分组成,如图10-2所示。

① 外浇口:金属液体注入处。它的作用是减轻金属液体对砂型的直接冲击,阻止熔渣流入浇道。

② 直浇道:外浇口下面一段圆锥形的垂直通道。它的作用是使金属液体导入横浇道,并产生一定的静压力,改善充形能力。

③ 横浇道:将金属液体引入内浇道的水平通道。它的作用是阻挡熔渣流入型腔,并分配金属液体到内浇道。

④ 内浇道:将金属液体导入型腔的通道。改变内浇道大小、数量、位置,可控制金属液体流入铸型型腔的速度和方向。

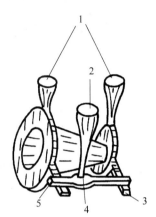

1—冒口;2—外浇口;3—内浇道;
4—直浇道;5—横浇道

图 10-2 带有浇注系统和冒口的铸造件

二、铸件的缺陷

常见铸件的缺陷有气孔、砂眼、粘砂、缩孔、浇不足、冷隔等。

由于铸造生产过程工序繁多,产生铸造缺陷的原因相当复杂。常见的铸件缺陷特征及产生的主要原因如表10-2所列。

表 10-2 常见的铸件缺陷特征及产生的主要原因

缺陷名称	特 征	产生的主要原因
气 孔	在铸件内部或表面有大小不等的光滑孔洞	型砂含水过多,透气性差;起模和修型时刷水过多;型芯烘干不良或型芯通气孔堵塞;浇注温度过低或浇注速度太快等
缩 孔	缩孔多分布在铸件厚断面处,形状不规则,孔内粗糙	铸件结构不合理,如壁厚相差过大,造成局部金属集聚;浇注系统和窗口的位置不对,或冒口过小;浇注温度太高或金属化学成分不合格,收缩过大
砂 眼	铸件内部或表面带有砂粒的孔洞	型砂和芯砂的强度不够;砂型和型芯的紧实度不够;合型时局部损坏,浇注系统不合理,冲坏了砂型
粘 砂	铸件表面粗糙,粘有砂粒	型砂和芯砂的耐火度不够;浇注温度太高;未刷涂料或涂料太薄
错 位	铸件沿分型面有相对位置错移	模样的上半模和下半模未对好,合型时,上、下砂型未对准
冷 隔	铸件上有未完全融合的缝隙或注坑,其交接处是圆滑的	浇注温度太低;浇注速度太慢或浇注有过中断,浇注系统位置开设不当,内浇道横截面积太小
浇不足	铸件不完整	浇注时金属量不够,浇注时液态金属从分型面流出;铸件太薄;浇注温度太低,浇注速度太慢
开 裂	铸件开裂,开裂处金属表面有轻微氧化色	铸件结构不合理,壁厚相差太大;砂型和型芯的退让性差;落砂过早

10.1.2 特种铸造

特种铸造是指有别于普通砂型铸造的其他铸造方法。常用的特种铸造有如下几种。

1. 压力铸造

将熔融金属在高压下快速充填金属型腔,并在压力下凝固而获得铸件的方法称为压力铸造。压铸需要使用专用的设备压铸机。

(1) 压力铸造工艺过程

压力铸造所使用的铸型称压型。压型由定型、动型、抽芯机构、顶出机构组成。压铸的工作过程如图 10-3 所示。

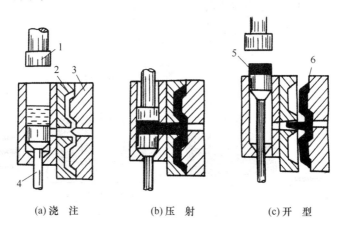

(a) 浇 注　　(b) 压 射　　(c) 开 型

1—压铸活塞;2,3—压型;4—下活塞;5—涂料;6—铸件

图 10-3　压力铸造工艺过程示意图

压型采用优质耐热合金钢制成,一般对加工精度、粗糙度要求较高,并需热处理。

(2) 压力铸造的特点和应用

① 生产率高。每小时可铸几百个铸件,而且易于实现自动化和半自动化生产。

② 产品质量好。铸件的精度和表面质量较高,可铸出形状复杂的薄壁铸件,并可直接铸出小孔、螺纹、花纹等,铸件强度比砂型提高约 25%～40%。

③ 铸件加工成本低。压力铸件通常切削加工较少或不进行切削加工就能装配使用,因此省料、省工、省设备,生产成本降低。

④ 压力铸造设备投资大,压铸型结构复杂,制造周期长,成本高,仅适用于大批量生产。

⑤ 不适于钢、铸铁等高熔点合金的铸造。

⑥ 压铸件虽然表面质量好,但内部易产生气孔和缩孔,不宜机械加工,更不宜进行热处理或在高温下工作。

目前压力铸造主要用于铝、镁、锌、铜等有色合金铸件的大批量生产。在汽车、拖拉机、摩托车、仪器、仪表、医疗器械、航空等生产中都得到广泛的应用。

2. 熔模铸造

用易熔材料制成模样和浇注系统,在模样和浇注系统上包覆若干层耐火涂料,制成型壳,熔去模样后经高温焙烧浇注的铸造方法称为熔模铸造。

(1) 熔模铸造的工艺过程

熔模铸造工艺过程如图 10-4 所示。首先用易熔合金或铝合金制成与铸件形状相同的蜡模及相应的浇注系统的特殊压铸型;然后用石蜡和硬脂酸各 50% 的易熔材料浇注入压铸型,便形成蜡模,将蜡模与浇注系统焊成蜡模组;在蜡模组上涂挂涂料和硅砂,放入硬化剂(如 NH_4Cl 水溶液等)中硬化;反复几次涂挂涂料和硅砂并硬化,形成 5~10 mm 厚的型壳,将型壳浸泡在 85~95℃ 的热水中,熔去蜡模便获得无分型面的型壳;型壳再经烘干并高温焙烧;四周填砂后便可浇注而获得铸件。

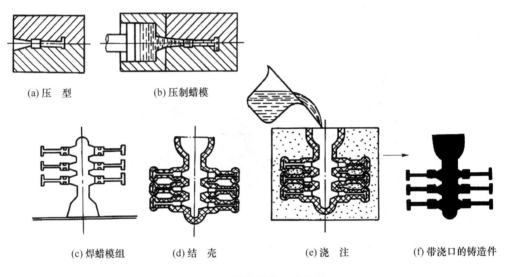

图 10-4 熔模铸造工艺过程

(2) 熔模铸造的特点及应用

① 熔模铸造是一种精密铸造方法,生产的铸件尺寸精度和表面质量均较高,机械加工余量小,可实现少、无切削加工。

② 可铸出形状复杂的薄壁铸件,最小壁厚可达 0.3 mm,最小铸出孔的直径可达 0.5 mm。

③ 能够铸造各种合金铸件,特别适于生产高熔点合金及难以切削加工的合金铸件。

④ 生产批量不受限制,从单件、成批到大量生产均可。

⑤ 熔模铸造铸件不能太大、太长,重量一般限于 25 kg 以下,且工序繁多,生产周期长,原材料的价格贵,铸件成本比砂型铸造高。

如上所述,熔模铸造主要用来生产形状复杂、精度要求高或难以切削加工的小型零件,如汽轮机、燃气轮机、水轮发动机等的叶片,切削刀具,以及汽车、拖拉机、风动工具和机床上的小型零件。

3. 金属型铸造

将熔融液体金属依靠重力浇入金属铸型而获得铸件的方法称为金属型铸造。金属铸型不同于砂型铸型,它可"一型多铸",一般可浇注几百次到几万次,故亦称为"永久型铸造"。

(1) 金属铸型的构造

金属铸型根据分型面位置的不同可分为垂直分型式、水平分型式和复合分型式。如图 10-5 所示为垂直分型式与水平分型式。其中垂直分型式具有开设浇注系统、取出铸件方便,应用较广。

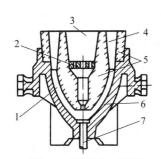 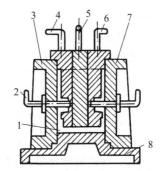

1—型腔;2—滤网;3—外浇道; 1—型腔;2—销孔型芯;3—左半型;
4—冒口;5—型芯;6—金属型; 4—左侧型芯;5—中间型芯;6—右侧型芯;
7—推杆 7—右半型;8—底板

(a) 水平分型式　　　　　　(b) 垂直分型式

图 10-5　常用的金属型结构示意图

金属型铸造大多用铸铁或铸钢制成。为便于排气,在分型面上开一些通气槽,大多数开有出气孔;而且设有铸件顶出机构。

铸件内腔一般用金属型芯或砂芯制成。

(2) 金属型铸造的特点及应用

① 与砂型铸造相比,金属型铸造实现了"一型多铸",生产效率较高、降低了成本、便于机械化和自动化生产。

② 铸件精度较高,表面质量较好,铸件的机械加工余量少。

③ 由于铸件冷却速度快,晶粒细,所以力学性能好。

④ 金属铸型制造成本高、周期长,只适用于大批量生产;铸件冷却快,不适用于浇注薄壁铸件,铸件形状不宜太复杂。

目前,金属型铸造主要用于中、小型有色合金铸件的大批量生产,如铝活塞、气缸体、缸盖、油泵壳体、轴瓦、衬套等,有时也用来生产一些铸铁件和铸钢件。

4. 离心铸造

将液态金属浇入旋转着的铸型中,并在离心力的作用下凝固成形而获得铸件的方法称为离心铸造。

(1) 离心铸造的基本方式

离心铸造一般用离心机进行铸造,按铸型旋转轴的位置分为立式和卧式离心铸造两类。

立式离心铸造,铸件内表面呈抛物面,因而铸造中空铸件时,其高度不能太高,否则铸件壁厚上下相差较大。卧式离心铸造,铸型绕水平轴旋转时,可制得壁厚均匀的中空铸件,如图 10-6 所示。

离心铸造,铸型可以是金属型,也

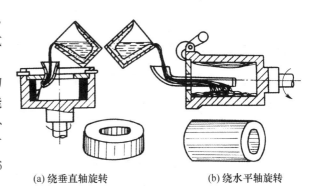

(a) 绕垂直轴旋转　　　(b) 绕水平轴旋转

图 10-6　离心铸造

可以是砂型。

(2) 离心铸造的特点及应用

① 离心铸造的铸件是在离心力的作用下结晶,内部晶粒组织致密,无缩孔、气孔及夹渣等缺陷,力学性能较好。

② 铸造管形铸件时,可省去型芯和浇注系统,提高金属利用率和简化铸造工艺。

③ 可铸造"双金属"铸件,如钢套内镶铜轴瓦等。

④ 铸件内表面质量较粗糙,内孔尺寸不准确,加工余量较大。

目前,离心铸造广泛用于制造铸铁水管、气缸套、铜轴套,也用来铸造成形铸件。

10.2 锻压成型

锻造和板料冲压合称为锻压,包括自由锻、胎模锻、模锻、扎制、拉拔、挤压和板料冲压等方法。

锻造是指在外力作用下,使金属坯料产生塑性变形,获得所需尺寸、形状及性能的毛坯或零件的加工方法。因为锻造利用金属材料的塑性变形得到了所需尺寸、形状的零件,且提高了金属的力学性能,所以,用于承受大载荷、受力复杂的重要机器零件,如机床主轴、齿轮、内燃机中的曲轴、连杆及刀具、模具等大多采用锻造方法获得。

冲压是指使板料分离或成形获得制件的加工方法,是一种高效的生产方法。主要用来薄板结构零件的获得,被广泛用于汽车、拖拉机、电器、航空等行业。

锻造按成型方式分为自由锻造和模型锻造两类。

锻造与铸造生产方式相比,其区别在于:

① 锻造所用的金属材料应具有良好的塑性,以便在外力的作用下,能产生塑性变形而不破裂。常用的金属材料中,铸铁的塑性很差,属脆性材料,不能用于锻压。钢和非铁金属中的铜、铝及其合金等塑性好,可用于锻造。

② 通过锻造加工能消除锭料的气孔、缩松等铸造组织缺陷,压合了微裂纹,并能获得较致密的结晶组织,可改善金属的力学性能。

③ 锻压加工是在固态成形的,对制造形状复杂的零件,特别是具有复杂内腔的零件较困难。

金属材料经锻造后,内部组织更加致密、均匀,可用于加工承受载荷大、转速高的重要零件。

10.2.1 金属的锻造性能

金属的锻造性能是指金属材料经受锻压加工时获得优质制件的难易程度。金属的塑性好、变形抗力小,则锻造性好,反之则差。

金属的锻造性取决于金属的本质和变形条件。

1. 金属的本质

① 化学成分　一般纯金属的锻造性比合金好。合金中合金元素含量越高,杂质越多,其锻造性越差。碳钢的锻造性随其含碳量的增加而降低,合金钢的锻造性低于相同含碳量的碳钢。合金中如果含有可形成碳化物的元素(如铬、钨、钼、钒、钛等),则其锻造性能显著下降。

② 内部组织　纯金属和固溶体的锻造性能一般较好。铸态组织和粗晶组织由于其塑性较差而不如锻轧组织和细晶组织的锻造性能。

2. 变形条件

① 变形温度　在一定的温度范围内,温度的升高,金属原子的活动能力增强,材料的塑性提高而变形抗力减小,改善了金属的锻造性能。

② 应力状态　如图10-7所示,挤压时材料承受三向压应力,拉拔时材料承受两向压应力,一向拉应力。压应力阻碍晶间变形产生,提高金属的塑性;拉应力有助于晶间变形产生,降低金属的塑性。

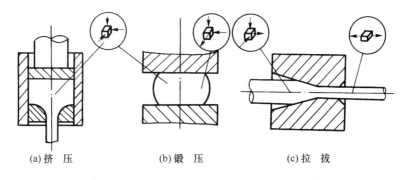

图 10-7　挤压与拉拔时金属的应力状态

③ 应变速率　应变速率是指变形金属在单位时间内的变形量。应变速率在不同的范围内对金属的锻造性能有相反的影响,如图10-8所示。在应变速率低于临界速率 C 的条件下,随着应变速率的提高,而金属的塑性下降,变形抗力增加,使锻造性能恶化,但当应变速率超过临界速率以后,由于变形产生的热效应越来越强烈,使金属的温度明显提高,从而又改善了锻造性能。

综上所述,金属的锻造性能既取决于金属的本质,又取决于变形条件。

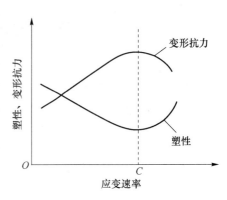

图 10-8　应变速率对金属锻造性能的影响

10.2.2　自由锻造

自由锻造是利用锻造设备的冲击力或压力,使加热的金属坯料在上、下砧块之间产生塑性变形,以获得锻件的加工方法。主要用于单件、小批量生产,是特大型锻件唯一的生产方法。

自由锻造可锻几克至数百吨的锻件,而且工艺灵活、工具简单、成本低,因此应用较广。与模型锻造相比,生产效率较低,锻件质量取决于锻工的操作水平。

自由锻造一般采用空气锤、蒸气-空气锤和水压机。空气锤由电动机直接驱动,操作方便,适用于小型或中型锻造车间。蒸气-空气锤采用6~9个大气压的蒸气或压缩空气为动力,适用于中型或大型锻造车间。水压机施加的是静压力,工作压力一般为6 000~150 000 kN,工作时振动较小,易将锻件锻透,适用于大型锻件锻造。

自由锻造的基本工序有:镦粗、拔长、冲孔、弯曲、扭转、错移、切断等,其中以前三种工序应用最多。

10.2.3 模锻和胎模锻

模锻是将加热后的坯料放入具有一定形状和尺寸的锻模模腔内,施加冲击力或压力,使其在有限制的空间内产生塑性变形,从而获得与锻模形状相同锻件的加工方法。

模锻与自由锻相比,具有生产率高,锻件的形状与尺寸比较精确,加工余量小,材料利用率高,可使锻件的金属纤维组织分布更为合理,进一步提高零件的使用寿命等优点。但模锻设备投资大,锻模成本高,生产准备周期长,且受设备吨位的限制,因而模锻仅适用于锻件质量在150 kg 以下的大批量生产中、小型的锻件。

模锻按使用设备的不同,可分为锤上模锻和压力机模锻两种。

1. 锤上模锻

在模锻锤上进行模锻生产锻件的方法称为锤上模锻。锤上模锻因其工艺适应性较强,且模锻锤的价格低于其他模锻设备,是目前应用最广泛的模锻工艺。

锤上模锻使用的主要设备是蒸汽-空气模锻锤。

模锻锤的工作原理与蒸汽-空气自由锻锤基本相同,主要区别是模锻锤的锤身直接与砧座连接,锤头导轨间的间隙较小,保证了锤头上下运动准确,保证了工件的质量。

锻模由带燕尾的上下模组成,通过紧固楔铁分别固定在锤头和模垫上。上下模之间为模膛,如图 10-9 所示。

锻制形状简单的锻件时,锻模上只开一个模膛,称为终锻模膛。终锻模膛四周设有飞边槽,容纳金属充满模膛时多余的金属。飞边可用切边压力机切去。

带孔的锻件不可能将孔直接锻出,而是留有一定厚度的冲孔连皮,锻后再将连皮冲掉。

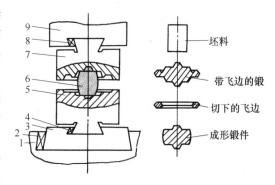

1—砧座;2,8—楔铁;3—模座;4—楔块;
5—下模;6—坯料;7—上模;9—锤头

图 10-9 单模膛锻模及锻件成形过程

复杂锻件则需要在开设有多个模膛的锻模中完成。多个模腔分制坯模膛、预锻模膛和终锻模膛。如图 10-10 所示为延伸、滚压、弯曲、预锻和终锻模膛。

2. 胎模锻

胎模锻是一种在自由锻造设备上用胎膜生产锻造方法。胎模锻与模锻的不同在于胎模不与锤头和下模座连在一起而单独存在。胎模锻造时,一般先采用自由锻造方法将坯料预锻成近似锻件的形状,然后放入胎模膛中,用锻锤打至上下模紧密接触时,坯料便会在模膛内压成与模膛形状一致的锻件。图 10-11 所示为锸头锻件的胎模锻造过程,图 10-12 为锸头的胎模结构图。

胎模锻造生产的锻件,其精度和形状的复杂程度较自由锻件高,加工余量小,生产率较高,而且胎模结构简单,制造方便,无需昂贵的模锻设备,是一种既经济又简便的锻造方法,广泛用于小型锻件的中小批量生产。

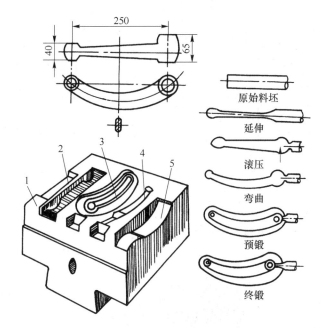

1—延伸模膛；2—滚压模膛；3—终锻模膛；4—预锻模膛；5—弯曲模膛

图 10-10 多模膛锻模

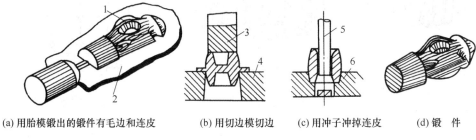

(a) 用胎模锻出的锻件有毛边和连皮　　(b) 用切边模切边　　(c) 用冲子冲掉连皮　　(d) 锻件

1—连皮；2—毛边；3—冲头；4—凹模；5—冲子

图 10-11 胎模锻造过程

10.2.4 挤、轧、拉和旋压工艺

1. 轧 制

轧制是坯料在旋转轧辊的压力作用下，产生连续塑性变形，获得要求的截面形状并改变其性能的方法。

轧制生产所用坯料主要是金属锭。轧制过程中，坯料靠摩擦力得以连续通过轧辊缝隙，在压力作用下变形，使坯料的截面减小，长度增加。

按轧辊轴线与坯料轴线间的相对空间位置和轧辊的转向不同可分为纵轧、斜轧和横轧三种。它们分别如图 10-13、图 10-14、图 10-15、图 10-16 所示。

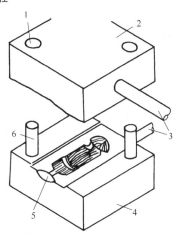

1—销控；2—上模板；3—手柄；
4—下模板；5—模膛

图 10-12 胎模结构

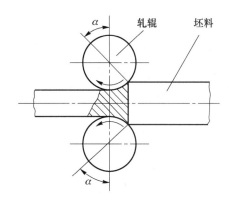
图 10-13 轧制示意图

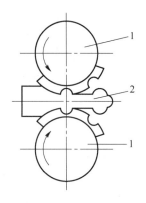
1—轧辊；2—轧件(锻件或锻坯)
图 10-14 辊 锻

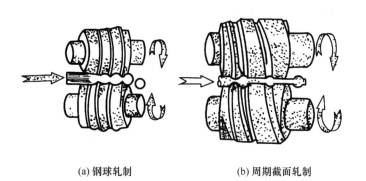

(a) 钢球轧制　　　(b) 周期截面轧制

图 10-15 斜轧示意图

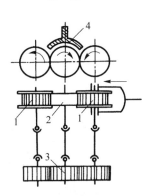
1—带齿的轧辊；2—坯料；
3—齿轮；4—电热感应圈
图 10-16 横轧(热轧齿轮)示意图

2. 挤　压

挤压是坯料在挤压模内受压变形而获得所需制件的压力加工方法。

按坯料流动方向和凸模运动方向的不同，挤压可分为正挤压、反挤压、复合挤压、径向挤压四种，它们分别如图 10-17(a)、图 10-17(b)、图 10-17(c)、图 10-17(d)所示。

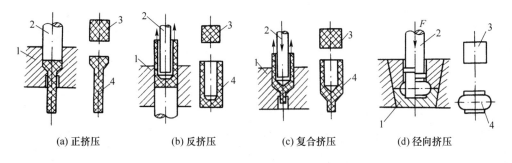

(a) 正挤压　　　(b) 反挤压　　　(c) 复合挤压　　　(d) 径向挤压

1—冲头；2—凹模；3—坯料；4—零件
图 10-17 挤压方式

3. 拉拔

拉拔是使坯料在牵引力的作用下通过模孔而变形,获得所需制件的压力加工方法(见图 10-18)。

拉拔时所用模具模孔的截面形状及使用性能对制件影响极大。模孔在工作中受着强烈的摩擦作用,为了保持其几何形状的准确性,提高模具使用寿命,应选用耐磨性好的材料(如硬质合金等)来制造。

拉拔主要用于各种细线材、薄壁管及各种特殊截面形状型材的生产。拉拔常在冷态下进行,产品精度较高,表面粗糙度较小,因而常用来对轧制件进行再加工,以进一步提高产品质量。拉拔成形适用于低碳钢、大多数有色金属及其合金。

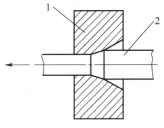

1—拉拔模;2—坯料

图 10-18 拉拔示意图

10.2.5 板料冲压

板料冲压是利用模具和借助冲床的冲击力使板料产生分离或变形,获得所需形状和尺寸制件的加工方法。这种方法通常是在冷态下进行的,所以又称为冷冲压。所用板料具有较高的塑性,厚度一般不超过 6 mm。

1. 板料冲压的特点

① 可冲压从细小零件到大型零件,可加工低碳钢、铜、铝及其合金,也可加工云母、石棉板和皮革等,加工范围广。

② 可制成形状复杂的零件,材料的利用率高。

③ 冲压件具有的尺寸精确和较低的表面粗糙度,一般不进行切削加工便可装配使用。

④ 能获得质量轻、刚度、强度较高的零件。

⑤ 操作简单,生产率很高,也容易实现机械化、自动化生产。

2. 冲压设备和模具

(1) 冲压设备

曲柄压力机是常用冲压设备,按床身结构形式分为单柱式和双柱式两种。

单柱式压力机,可由前、左、右送料,结构简单,操作方便。但床身刚度较低,公称压力多为 100 t 以下。

双柱式压力机,床身强度、刚度较大,多为中、大类型。

(2) 冲压模具

冲压模具一般有简单冲模、连续冲模和复合冲模三类。

① 简单冲模　在冲床滑块一次行程中只完成一道工序的冲模。如落料模、冲孔模、切边模、弯曲模、拉深模等。

② 连续冲模　在滑块一次行程中,能够同时在模具的不同部位上完成数道冲压工序的冲模称为连续冲模。这种冲模生产效率高,但模具制造较复杂,成本高,适于中、小批量生产精度要求不高的冲压件。

③ 复合冲模　在滑块一次行程中,可在模具的同一部位同时完成若干冲压工序的冲模称为复合冲模。复合冲模结构紧凑、冲制的零件精度高、生产率高,但复合冲模的结构复杂,成本高,只适于大批量生产精度要求高的冲压件。

3. 板料冲压的基本工序

板料冲压的基本工序分为分离、变形两大类。

(1) 分离工序

该工序是使坯料按制件要求的尺寸轮廓线分离,有剪切、冲裁、切口、修边等。

① 剪切　是使板料沿不封闭轮廓分离的冲压工序。通常是在剪板机上将大板料或带料切断成适合生产的小板料和条料。

② 冲裁　是使板料沿封闭轮廓分离的冲压工序。冲裁包括落料和冲孔,如图 10-19 所示。落料时,被分离的部分是成品,周边是废料。冲孔则是为了获得孔,周边是成品,被分离的部分是废料。

(2) 变形工序

变形是使冲压坯料在不被破坏的情况下产生塑性变形,有弯曲、拉深、成型三类工序。

① 弯曲　是将板料弯成具有一定曲率和角度的冲压变形工序,如图 10-20 所示。弯曲时,板料被弯曲部分内侧压缩,外侧被拉伸,弯曲半径愈小,拉伸和压缩变形就愈大,故过小的弯曲半径有可能造成外层材料被拉裂,因此对弯曲半径有所规定(弯曲的最小半径约为 $r_{min}=0.25 \sim 1$ 的板厚),另外弯曲模冲头的端部与凹模的边缘,必须加工出一定的圆角,以防止工件弯裂。

由于塑性变形过程中伴随着弹性变形,因此弯曲后冲头回程时,弯曲件有回弹现象,回弹角度的大小与板料的材质、厚度及弯曲角等因素有关(一般回弹角度 $0° \sim 10°$),故弯曲件的角度比弯曲模的角度略有增大。

② 拉深　是将平直板料加工成空心件的冲压成形工序,如图 10-21 所示。平直板料在冲头的作用下被拉成杯形或盒形工件。为避免零件拉裂,冲头和凹模的工作部分应加工成圆角。冲头和凹模间要留有 1.1～1.2 倍板厚的间隙,以减少拉深时的摩擦阻力。为防止板料起皱,必须用压板将板料压紧。每次拉深时,板料的变形程度都有一定的限制,通常是拉深后圆筒的直径不应小于板料直径的一半左右(0.5～0.8),对于要求拉深变形量较大的零件,必须采用多次拉深。

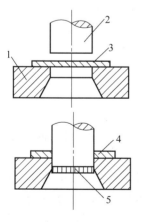

1—凹模;2—冲头;3—板料;
4—废料或成品;5—成品或废料

图 10-19　冲　裁

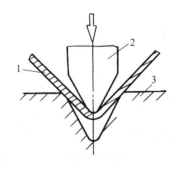

1—工件;2—冲头;3—凹模

图 10-20　弯　曲

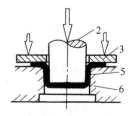

1—冲头;2—压板;
3—工件;4—凹模

图 10-21　拉　深

10.3 焊接成型

焊接是一种永久性连接金属材料的方法。焊接过程是用加热或加压等手段,借助金属原子结合与扩散作用,使两分离金属材料连接在一起。

焊接在现代工业生产中具有十分重要的作用,广泛应用于机械制造中的毛坯生产和制造各种金属结构件,如高炉炉壳、建筑构架、锅炉与承压容器、汽车车身、桥梁、矿山机械、大型转子轴、缸体等。

与铆接比较,焊接具有节省材料,减轻质量;连接质量好,接头的密封性好,可承受高压;简化加工与装配工序、缩短生产周期,易于实现机械化和自动化生产等优点。但它不可拆卸,还会产生变形、裂纹等缺陷。

在工业生产中,常用的焊接方法如图 10-22 所示。

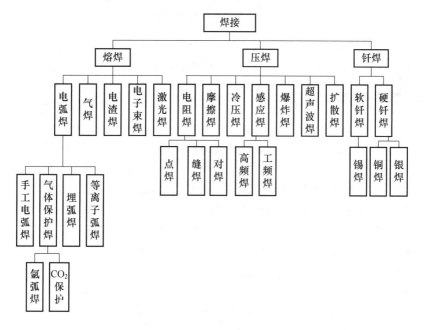

图 10-22 焊接成型加工方法

10.3.1 手工电弧焊

利用电弧作为焊接热源的熔焊方法,称为电弧焊。用手工操纵焊条进行焊接的电弧焊方法,称为手工电弧焊,简称手弧焊。其焊接过程如图 10-23 所示。

焊接前将电焊机的两个输出端分别用电缆线与焊钳和焊件相连接,用焊钳夹牢焊条后,使焊条和焊件瞬时接触(短路),随即提起一定的距离(约 2~4 mm),即可引燃电弧。利用电弧高达 6 000 K 的高温使母材(焊件)和焊条同时熔化,形成金属熔池。随着母材和焊条的熔化,焊条应向下和向焊接方向同时前移,保证电弧的连续燃烧并同时形成焊缝。焊条上的药皮形成熔渣覆盖熔池表面,对熔池和焊缝起保护作用。

手弧焊设备简单便宜,操作灵活方便,适应性强,但生产效率低,焊接质量不够稳定,对焊

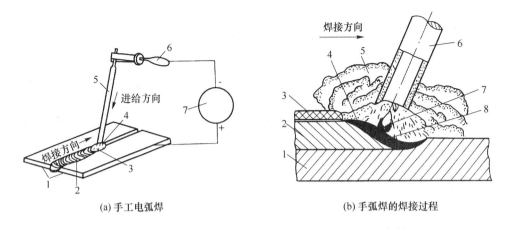

(a) 手工电弧焊　　　　　　　　(b) 手弧焊的焊接过程

图(a):1—焊件;2—焊缝;3—熔池;4—电弧;5—焊条;6—焊钳;7—弧焊机;图(b):1—焊件;
2—焊缝;3—渣壳;4—熔渣;5—气体;6—焊条;7—熔滴;8—熔池

图 10-23　手工电弧焊及其焊接过程

工操作技术要求较高,劳动条件较差。手弧焊多用于单件小批生产和修复,一般适用于 2 mm 以上各种常用金属的各种焊接位置的、短的、不规则的焊缝。

10.3.2　气焊和气割

1. 气　焊

气焊是利用可燃气体乙炔和氧气混合燃烧时产生的高温火焰使焊件和焊丝局部熔化和填充金属的一种焊接方法。

与电弧焊相比,气焊热源的温度较低,热量分散,加热缓慢,生产效率低,工件变形严重,接头质量较差,但气焊火焰容易控制,操作简便,灵活性好,不需要电源,可在野外作业。气焊适于焊接厚度在 3 mm 以下的低碳钢薄板、高碳钢、铸铁以及铜、铝等非铁金属及其合金,也可用作焊前预热、焊后缓冷及小型零件热处理的热源。

① 气焊设备:气焊设备包括乙炔气瓶、氧气瓶、减压器、焊炬等。

② 焊丝和焊剂:

• 焊丝　气焊丝一般是金属丝,作填充金属并与熔化的焊件金属一起形成焊缝。

• 焊剂　焊剂的作用是去除熔池中形成的氧化物等杂质,保护熔池金属,并增加液态金属的流动性。焊接低碳钢时一般不用焊剂。焊补铸铁或焊接铜、铝及其合金时,应使用相应的焊剂。

③ 气焊火焰:通过调整混合气体中乙炔与氧气的比例,可获得三种不同性质的气焊火焰,如图 10-24 所示。它们的应用亦有明显的区别。

• 中性焰　中性焰又称正常焰,其氧气和乙炔混合的体积比为 1.0～1.2,其中性焰的的温度分布如图 10-25 所示。适用于焊接低碳钢、中碳钢、合金钢、纯铜和铝合金等材料。

• 碳化焰　碳化焰的氧气和乙炔混合的体积比小于 1.0。由于氧气较少,燃烧不完全。适用于焊接高碳钢、硬质合金和焊补铸铁等。

• 氧化焰　氧化焰的氧气与乙炔混合的体积比大于 1.2,适用于焊接黄铜。

2. 气　割

气割是利用气体火焰将金属预热到燃点温度后,开放切割氧,将纯氧金属剧烈氧化成熔渣,从切口中吹走,达到分离金属的目的。气割时用割炬代替焊炬,其余设备与气焊相同。

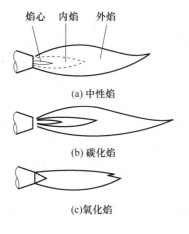
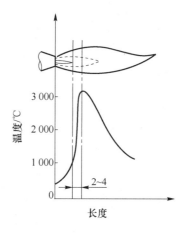

图 10-24 气焊火焰　　　　图 10-25 中性焰的的温度分布

金属材料必须满足下列条件才能采用氧气切割：

① 金属材料的燃点必须低于其熔点。这样才能保证金属气割过程是燃烧过程，而不是熔化过程。否则，切割时金属先熔化而变为熔割过程，使割口过宽，而且不整齐。

② 燃烧生成的金属氧化物的熔点应低于金属本身的熔点，而且流动性要好，使之呈熔融状被吹走时，割口处金属仍未熔化。否则就会在割口表面形成固态氧化物，阻碍氧气流与下层金属接触，使切割过程难以进行。

③ 金属燃烧时能放出大量的热，而且其本身的导热性要低。这样才能保证下层金属预热到足够高的温度（燃点），使切割过程能继续进行。

满足上述金属氧气切割条件的金属材料有纯铁、低碳钢、中碳钢和普通低合金钢。高碳钢、铸铁、高合金钢及铜、铝等非铁金属及其合金则难以进行氧气切割。

10.3.3 其他熔焊

1. 埋弧焊

埋弧焊是使电弧在较厚的焊剂层下燃烧，利用埋弧焊机自动控制引弧、焊丝送进、电弧移动和焊缝收尾的一种电弧焊方法。

埋弧焊使用的焊接材料是焊丝和焊剂，其作用分别相当于焊条芯与药皮，埋弧焊时焊缝的形成过程如图 10-26 所示。焊丝末端与焊件之间产生电弧后，电弧的热量使焊丝、焊件及电弧周围的焊剂熔化。熔化的金属形成熔池，焊剂及金属的蒸气将电弧周围已熔化的焊剂（即熔渣）排开，形成一个封闭空间，使熔池和电弧与外界空气隔绝。随着电弧前移，不断熔化前方的焊件、焊丝和焊剂，熔池后方边缘的液态金属则不断冷却凝固形成焊缝。熔渣则浮在熔池表面，凝固后形成渣壳覆盖在焊缝表面。焊接后，未被熔化的焊剂可以回收。

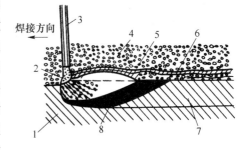

1—基本金属；2—电弧；3—焊丝；4—焊剂；
5—熔化了的焊剂；6—渣壳；7—焊缝；8—熔池

图 10-26 埋弧焊焊缝的形成过程

埋弧焊的工作情况如图 10-27 所示。

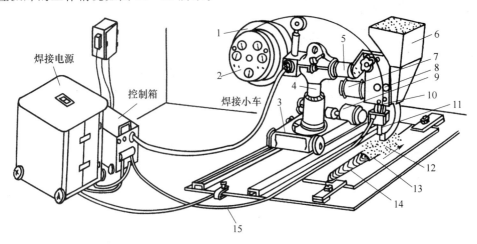

1—焊丝盘;2—操纵盘;3—车架;4—立柱;5—横梁;6—焊剂漏斗;7—焊丝送进电动机;8—焊丝送进滚轮;
9—小车电动机;10—机头;11—导电嘴;12—焊剂;13—渣壳;14—焊缝;15—焊接电缆

图 10-27 埋弧焊示意图

与手弧焊比较,埋弧焊焊接质量好,生产率高,节省金属材料,劳动条件好,适用于中、厚板焊件的长直焊缝和具有较大直径的环状焊缝的平焊,尤其适用于成批生产。

2. 气体保护电弧焊

气体保护电弧焊简称气体保护焊,是利用外加气体作为电弧介质并保护电弧与焊接区的电弧焊方法。常用的保护气体有氩气和二氧化碳气等。

① 氩弧焊 氩弧焊是以氩气为保护气体的一种电弧焊方法。按照电极的不同,氩弧焊可分为熔化极氩弧焊和非熔化极氩弧焊两种,如图 10-28(a)所示。熔化极氩弧焊也称直接电弧法,其焊丝直接作为电极,并在焊接过程中熔化为填充金属;非熔化极氩弧焊也称间接电弧法,其电极为不熔化的钨极,填充金属由另外的焊丝提供,故又称钨极氩弧焊。

从喷嘴喷出的氩气在电弧及熔池的周围形成连续封闭的气流。氩气是惰性气体,既不与熔化金属发生任何化学反应,又不溶解于金属,因而能非常有效地保护熔池,获得高质量的焊缝。此外,氩弧焊是一种明弧焊,便于观察,操作灵活,适用于全位置焊接。但是氩弧焊也有其明显的缺点,主要是氩气价格昂贵,焊接成本高,焊前清理要求严格,而且设备复杂,维修不便。

目前氩弧焊主要用于焊接易氧化的非铁金属(如铝、镁、铜、钛及其合金)和稀有金属(如锆、钽、钼及其合金),以及高强度合金钢、不锈钢、耐热钢等。

② 二氧化碳气体保护焊 二氧化碳气体保护焊是以二氧化碳(CO_2)为保护气体的电弧焊方法,简称 CO_2 焊。其焊接过程如图 10-28(b)所示。它用焊丝作电极并兼作填充金属,可以用半自动或自动方式进行焊接。

CO_2 焊的优点是:生产效率高,CO_2 气体来源广、价格便宜,焊接成本低,焊接质量好,可全位置焊接,明弧操作,焊后不需清渣,易于实现机械化和自动化。其缺点是焊缝成形差,飞溅大,焊接电源需采用直流反接。

CO_2 焊主要适用于低碳钢和低合金结构钢构件的焊接,在一定条件下也可用于焊接不锈钢,还可用于耐磨零件的堆焊,铸钢件的焊补等。但是,CO_2 焊不适于焊接易氧化的非铁金属及其合金。

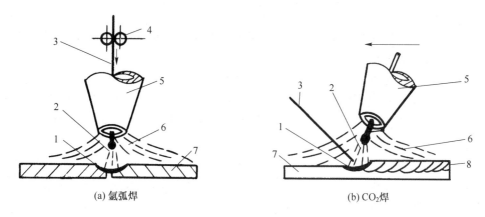

(a) 氩弧焊　　　　　　　　　　　(b) CO_2焊

1—熔池；2—电弧；3—焊丝；4—送丝轮；5—喷嘴；6—氩气；7—焊件；8—焊缝

图 10-28　氩弧焊示意图

3. 电阻焊

电阻焊是利用电流通过焊件的接触面时产生的电阻热对焊件局部迅速加热，使之达到塑性状态或局部熔化状态，并加压而实现连接的一种压焊方法。

按照接头形式不同，电阻焊可分为点焊、缝焊和对焊等，如图10-29所示。

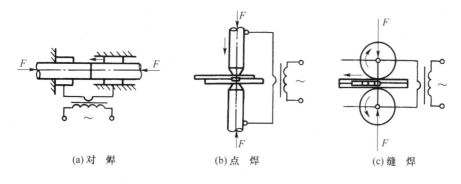

(a) 对　焊　　　　　(b) 点　焊　　　　　(c) 缝　焊

图 10-29　电阻焊主要方法

（1）点　焊

点焊时，待焊的薄板被压紧在两柱状电极之间，通电后使接触处温度迅速升高，将两焊件接触处的金属熔化而形成熔核。熔核周围的金属则处于塑性状态，然后切断电流，保持或增大电极压力，使熔核金属在压力下冷却结晶，形成组织致密的焊点。整个焊缝由若干个焊点组成，每两个焊点之间应有足够的距离，以减少分流的影响。

点焊主要用于4 mm以下的薄板与薄板的焊接，也可用于圆棒与圆棒（如钢筋网）、圆棒与薄板（如螺母与薄板）的焊接。焊件材料可以是低碳钢、不锈钢、铜合金、铝合金、镁合金等。

（2）缝　焊

缝焊的焊接过程与点焊相似，只是用转动的圆盘状电极取代点焊时所用的柱状电极。焊接时，圆盘状电极压紧焊件并转动，依靠摩擦力带动焊件向前移动，配合断续通电（或连续通电），形成许多连续并彼此重叠的焊点，称为缝焊。

缝焊主要用于有密封要求的薄壁容器（如水箱）和管道的焊接，焊件厚度一般在2 mm以下,低碳钢可达 3 mm,焊件材料可以是低碳钢、合金钢、铝及其合金等。

(3) 对 焊

对焊是利用电阻热使对接接头的焊件在整个接触面上形成焊接头的电阻焊方法,可分为电阻对焊和闪光对焊两种。

电阻对焊是将焊件置于电极夹钳中夹紧后,加预压力使焊件端面互相压紧,再通电加热,待两焊件接触面及其附近加热至高温塑性状态时,断电并加压顶锻,接触处产生一定塑性变形而形成接头。它适用于形状简单、小断面的金属型材(如直径在 $\phi 20$ mm 以下的钢棒和钢管)的对接。

闪光对焊时,焊件装好后不接触,先通电,再移动焊件使之接触。强电流通过时使接触点金属迅速熔化、蒸发、爆破,高温金属颗粒向外飞射而形成火花(闪光)。经多次闪光加热后,焊件端面达到所要求的高温,立即断电并加压顶锻。

4. 钎 焊

钎焊是采用熔点比母材低的金属材料作钎料,将焊件和钎料加热至高于钎料熔点、低于焊件熔点的温度,利用钎料润湿母材,填充接头间间隙并与母材相互扩散而实现连接的焊接方法。根据钎料的熔点不同,钎焊分为硬钎焊与软钎焊两种。

钎焊时一般要用钎剂。钎剂和钎料配合使用,是保证钎焊过程顺利进行和获得致密接头的重要措施。软钎焊常用的钎剂有松香、焊锡膏、氯化锌溶液等;硬钎焊常用的钎剂有硼砂、硼酸等混合物。

练习思考题

10-1 什么是铸造?铸造的特点有哪些?

10-2 铸造的基本工艺过程是什么?

10-3 常见的铸造缺陷有哪些?

10-4 什么是锻造?锻造的特点有哪些?

10-5 金属的锻造性能由金属什么决定?

10-6 板料冲压的基本工序有哪些?

10-7 什么是焊接?

10-8 手工电弧焊的特点有哪些?

10-9 气焊的火焰有哪几种?

第 11 章　金属切削加工

11.1　切削加工基础

利用切削工具从坯料或工件上切除多余材料,获得所需要的几何形状、尺寸精度和表面质量的零件的加工方法称为金属切削加工。它是机械制造业中使用最广的加工方法。

金属切削加工方法较多,一般分为车、铣、刨、拉、磨、钻、镗削和齿轮加工等。

11.1.1　切削加工的基本概念

1. 切削运动

切削加工是靠刀具和工件之间作相对运动来完成的。它包括主运动和进给运动。

(1) 主运动

主运动是由机床或人力提供的主要运动。它促使刀具和工件之间产生相对运动,从而使刀具前面接近工件。在切削过程中速度最高,消耗功率最大。运动方式有旋转运动、往复直线运动两类。

(2) 进给运动

进给运动也是由机床或人力提供的运动。它使刀具与工件之间产生附加的相对运动,加上主运动,即可不断地或连续地进行切削,并得到具有所需几何特性的待加工表面。其运动可以是间歇的,也可以是连续的;可以是直线送进,也可以是圆周送进。

切削加工中,主运动只有一个,而进给运动可以有一个或数个。它们的适当配合,就可以加工出各种表面来。

切削加工过程中,工件上形成三个不同的变化着的表面:

① 已加工表面　工件上经刀具切削后产生的表面称为已加工表面。

② 待加工表面　工件上有待切除之表面称为待加工表面。

③ 过渡表面　工件上由切削刃形成的那部分表面,它在下一切削行程,刀具或工件的下一转里被切除或者由下一切削刃切除的表面称为过渡表面。

2. 切削用量

切削加工中与切削运动直接相关的三个主要参数是切削速度、进给量和吃刀量。通常把这三个参数总称为切削用量三要素。

(1) 切削速度(v_c)

切削速度是切削刃选定点相对于工件的主运动的瞬时速度,计量单位为 m/s。它是主运动的参数。当主运动为旋转运动时(如车削,铣削等),如图 11-1 所示。切削速度为 v_c,即

$$v_c = \frac{\pi d n}{1\,000 \times 60} \tag{11-1}$$

式中:d 为切削刃选定点的回转直径,单位为 mm;n 为工件或刀具的转速,单位为 r/min。

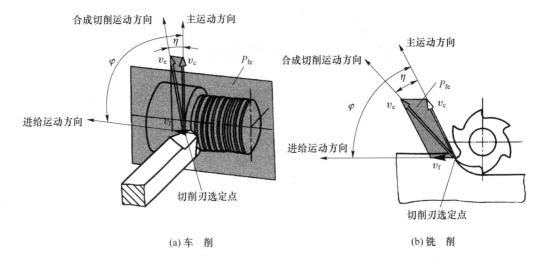

(a) 车　削　　　　　　　　　　　　　(b) 铣　削

图 11-1　刀具和工件的运动

当主运动为往复直线运动时（如牛头刨床刨削时），常以其平均速度作为切削速度，即

$$v_c = \frac{2Ln_r}{1\,000 \times 60} \tag{11-2}$$

式中：L 为往复运动行程长度，单位为 mm；n_r 为主运动每分钟的往复次数，单位为 str/min。

（2）吃刀量（a）

吃刀量（a）是两平面间的距离，该两平面都垂直于所选定的测量方向，并分别通过作用于切削刃上两个使上述两平面间的距离为最大的点，计量单位为 mm。

吃刀量（a）又分为背吃刀量（a_p）、侧吃刀量（a_e）和进给吃刀量（a_f）。

（3）进给量（f）

进给量（f）是刀具在进给运动方向上相对工件的位移量，可用刀具或工件每转或每行程的位移量来表述和度量。

当主运动为旋转运动（如车削、钻孔、铣削等）时，进给量 f 的单位是 mm/r（称为每转进给量），即工件（或刀具）每转一周，刀具（或工件）沿进给运动方向移动的距离。

当主运动为往复直线运动（如牛头刨床刨削，插削）时，进给量 f 的单位是 mm/str（毫米/行程）。即工件（或刀具）每运动一个行程，刀具（或工件）沿进给运动方向移动的距离。

对于铰刀、铣刀等多齿刀具，进给量是指每齿进给量 f_z，其含义为多齿刀具每转或每行程中每齿相对于工件在进给运动方向上的位移量，即

$$f_z = \frac{f}{z} \quad (\text{mm/z}) \tag{11-3}$$

进给速度（mm/s）与进给量的关系可表示为

$$v_f = fn \tag{11-4}$$

式中：n 为当主运动为旋转运动时主运动的转速，单位为 r/s。

11.1.2　切削刀具

任何刀具都是由夹持部分和切削部分所组成的。刀具夹持部分的主要作用是保证刀具切削部分有一个正确的工作位置。为此，刀具夹持部分的材料要求有足够的强度和刚度。刀具

切削部分是用来直接对工件进行切削加工的,是在很大的切削力和很高的温度下工作,并且与切屑和工件都产生摩擦,工作条件极为恶劣。为使刀具具有良好的切削能力,刀具切削部分必须选用合适的材料和合理的几何参数。

1. 刀具材料的性能

在切削加工过程中,由刀具直接完成切削工件,其能否胜任,决定刀具切削部分的材料的性能。刀具切削部分的材料必须满足下列要求:

① 高的硬度　刀具材料的硬度必须大于工件材料的硬度。

② 高的耐磨性　刀具切削加工过程中,承受剧烈的摩擦,其磨失要小。

③ 高的耐热性　刀具材料在高温下仍能保持其切削性能的能力。

④ 足够的强度和韧性　刀具材料具有承受一定冲击和振动而不产生断裂或崩刃。

⑤ 良好的工艺性　便于加工制造和刃磨。

常用的刀具材料有碳素工具钢、合金工具钢、高速钢和硬质合金,此外还有新型刀具材料,如陶瓷、人造聚晶金刚石等。

机械加工中应用最广的刀具材料主要是高速钢和硬质合金。碳素工具钢与合金工具钢的耐热性较差,故仅用于手动和低速刀具;而陶瓷、立方氮化硼和人造聚晶金刚石等刀具的硬度和耐磨性都很好,但成本较高、性脆、抗弯强度低,目前主要用于难加工材料的精加工。

2. 刀具切削部分的几何参数

刀具的种类繁多,形状各异。其中车刀是最基本的,其他刀具都可以认为是外圆车刀的演变与组合。如钻头可看成由两把车刀组成,而铣刀的每个刀齿也可看成是一把车刀,所以研究刀具的几何参数以车刀为基础。

(1) 刀具切削部分的组成

外圆车刀切削部分由三面、二刃、一刀尖组成,如图 11-2 所示。

① 前刀面(A_γ)是刀具上切屑流过的表面。

② 后刀面(A_α)是与工件上过渡表面相对的表面。

③ 副后刀面(A_γ')是与工件上已加工表面相对的表面。

④ 主切削刃(S)是前刀面与主后刀的交线。

⑤ 副切削刃(S')是前面与副后面的交线。

⑥ 刀尖　刀尖是指主切削刃与副切削刃的交点。通常为圆弧或直线过渡刃。

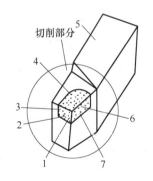

1—刀尖;2—副后面;3—副切削刃;4—前刀面 A_γ;
5—刀柄;6—主切削刃;7—后刀面 A_α

图 11-2　外圆车刀切削部分的构成

(2) 确定刀具角度的静止参考系

为了确定上述刀面及切削刃的空间位置和刀具几何角度的大小,必须建立适当的参考系(即坐标平面),通常用静止参考系。刀具静止参考系是指在不考虑进给运动,规定车刀刀尖安装得与工件轴线等高,刀杆的中心线垂直于进给方向等简化条件下的参考系。

刀具静止参考系的主要坐标平面有基面、主切削平面和正交平面,如图 11-3 所示。

① 基面(P_r)　过切削刃选定点,垂直于该点假定主运动方向的平面。

② 主切削平面(P_s)　过主切削刃选定点,与主切削刃相切,并垂直于基面的平面。

③ 正交平面（P_0） 过主切削刃选定点并同时垂直于基面和主切削平面的平面。

④ 假定工作平面 过主切削刃上选定点，并垂直于基面而与进给运动方向平行的平面。

(3) 刀具的标注角度

刀具设计、制造、刃磨和测量时的主要角度有前角、后角、主偏角、副偏角和刃倾角，如图 11-4 所示。

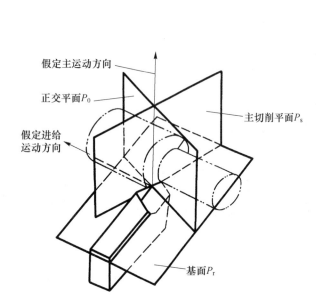

图 11-3 外圆车刀静止参考系

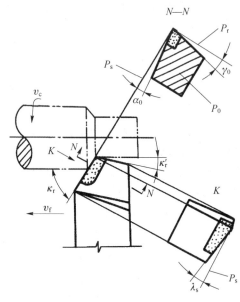

图 11-4 车刀的主要标注角度

① 前角（γ_0） 是刀具前刀面与基面间的夹角，在正交平面中测量。前角大，刀具锋利，但前角过大会使切削刃强度减弱，刀具寿命下降。前角有正负之分，当前面在基面下方时为正值，反之为负值，如图 11-5 所示。

② 后角（α_0） 是刀具主后面与切削平面间的夹角，在正交平面中测量。后角的大小决定了刀刃的强度和锋利程度。减小后角，刀刃强度越高，切削刃越不锋利，刀具后面与工件过渡表面之间的摩擦越剧烈。

③ 主偏角（κ_r） 是主切削平面与假定工作平面间的夹角，在基面中测量。主偏角的大小将影响刀刃的工作长度、切削层公称厚度、切削层公称宽度以及刀尖强度和散热条件等。

④ 副偏角（κ_r'） 是副切削平面与假定工作平面间的夹角，在基面中测量。其大小影响工件表面粗糙度 R_a 值。粗加工取较大值，精加工取较小值。

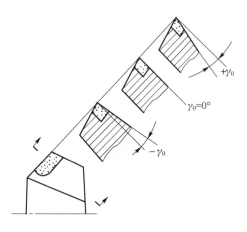

图 11-5 前角正、负的规定

⑤ 刃倾角（λ_s） 是主切削刃与基面间的夹角，在主切削平面中测量。其大小影响刀尖的强度并控制切屑的流向，刃倾角有正负之分，如图 11-6 所示。

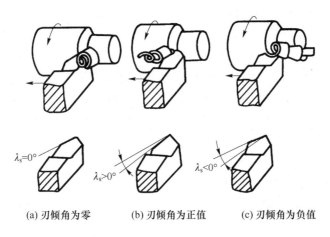

(a) 刃倾角为零　　(b) 刃倾角为正值　　(c) 刃倾角为负值

图 11-6　刃倾角的正负及作用

11.1.3　切屑的形成及其种类

材料切削过程实际上就是切屑形成的过程,它与材料的挤压过程很相似。其实质是工件表层材料受到刀具挤压后,材料层产生弹性变形、塑性变形、挤裂、切离几个变形阶段而形成切屑。由于被加工材料性质和切削条件的不同,切屑的形成过程和切屑的形态也不相同。常见的切屑有如下三种,如图 11-7 所示。

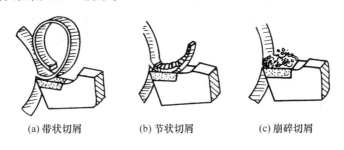

(a) 带状切屑　　(b) 节状切屑　　(c) 崩碎切屑

图 11-7　切屑的种类

1. 带状切屑

这是最常见的一种切屑,这类切屑呈连续不断的带状,底面光滑,背面呈毛茸状。当用较大前角的刀具、较高的切削速度和较小的进给量加工塑性材料(如钢)时,容易得到带状切屑。这类切屑的变形小、切削力平稳、加工表面光洁,是较为理想的切削状态。但切屑连绵不断,容易缠绕在工件或刀具上,影响操作并损伤工件表面,甚至伤人。生产上常在车刀上磨出断屑槽等方法使切屑折断成较理想的形状。

2. 节状切屑

它的底面有裂纹,背面有明显的挤裂纹,呈锯齿状,故节状切屑又称挤裂切屑。当用较小前角的刀具、较低的切削速度和较大的进给量加工中等硬度的钢材(如中碳钢)时,常得到节状切屑。形成这类切屑时,切削力波动较大,工件表面也较粗糙。

3. 崩碎切屑

切削铸铁、青铜等脆性材料时,被切材料受挤压产生弹性变形后,突然崩碎而形成不规则的屑片,即崩碎切屑。在这类切削过程中,切削力集中在切削刃附近,且波动较大,从而降低了刀具使用寿命,增大了工件表面的粗糙度。

11.1.4 积屑瘤

在一定范围的切速下切削塑性金属时,常发现在刀具前面靠近切削刃的部位粘附着一小块很硬的金属,这就是切削过程所产生的积屑瘤,或称刀瘤,如图 11-8 所示。

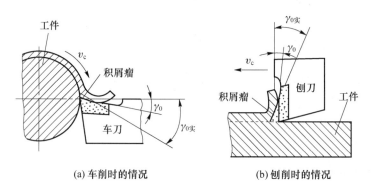

(a) 车削时的情况　　　　　　(b) 刨削时的情况

图 11-8　积屑瘤

积屑瘤在形成过程中,金属材料因塑性变形而被强化。因此,积屑瘤的硬度比工件材料的硬度高,能代替切削刃进行切削,起到保护切削刃的作用。同时,积屑瘤使刀具的实际前角增大,使切削力减小,切削变得轻快。所以粗加工时产生积屑瘤有一定好处。

但是,积屑瘤的顶端伸出切削刃之外,而且在不断地产生和脱落,使实际切深和切削厚度不断变化,影响工件的尺寸精度,在工件表面上刻划出不均匀的沟痕,影响表面粗糙度;积屑瘤破碎后,一部分被切屑带走,一部分粘附工件表面,在已加工表面上留下许多硬点,使表面质量下降。因此,精加工时,应尽量避免积屑瘤产生。由于在中等切削速度下易产生积屑瘤,故精加工多在高速或低速下进行。

11.1.5 切削力

在切削过程中,刀具切削部分切削工件时所产生的全部切削力称为切削部分总切削力 F。

车削外圆时,总切削力 F 指向刀具的左上方(见图 11-9)。为了便于设计和工艺分析,通常将总切削力分解成三个互相垂直的分力。

① 切削力 F_c　总切削力在主运动方向上的正投影。其大小约占总切削力的 80%~90%。

② 进给力 F_f　总切削力在进给运动方向上的正投影。是设计和验算机床进给机构强度必需数据。

③ 背向力 F_p　总切削力在垂直于工作平面方向上的分力。所谓工作平面,就是通过切削刃选定点并同时包含主运动方向和进给运动方向的平面。

显然,三个切削分力与总切削力存在如下关系

$$F = \sqrt{F_c^2 + F_f^2 + F_p^2} \qquad (11-5)$$

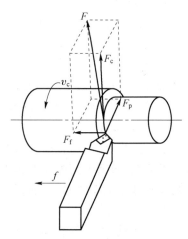

图 11-9　切削力的分解

影响切削力的因素很多,如工件材料、切削用量、刀具几何参数、刀具材料和切削液等。

11.1.6 切削热和冷却润滑液

在切削过程中,切削层金属的变形及刀具的前面与切屑、后面与工件之间的摩擦所消耗的功,绝大部分转变为切削热。切削热虽大部分被切屑带走,但有相当一部分传给刀具、工件。传给工件的热量,使工件受热变形,影响加工精度;传给刀具的热量,使刀具局部温度升高,磨损加剧,将影响刀具的使用寿命。

为延长刀具的使用寿命,提高工件的加工质量和生产效率,一般在切削加工过程中使用冷却润滑液。

冷却润滑液一般分为水溶液、乳化液和以润滑为主的油三类。

① 水溶液 主要成分是水,并加入一定的防锈剂、活性物质或油类。其冷却性能好,润滑性能较差。水溶液一般用于粗加工和磨削加工中。

② 乳化液 由乳化油加水稀释而成。乳化油由矿物油、乳化剂及其他添加剂配制而成。具有良好的流动性和冷却性,也具有一定的润滑作用,是应用最广的切削液。

③ 润滑油 主要是矿物油(如机油和煤油),少数采用动植物油(如豆油、棉籽油、蓖麻油、等)。其润滑性能好,但流动性差,冷却作用小。多用于精加工,以提高加工表面质量。

11.2 车削加工

在车床上利用工件的回转运动和刀具的移动进行切削加工的方法称为车削加工。

11.2.1 车削加工特点及应用

1. 车削加工范围

车削加工主要用来加工回转类零件,如:轴、盘、套、锥、滚花等。主要车削加工的基本内容有车外圆、车端面、切断、切槽、车螺纹、钻孔、铰孔等见图 11-10。车削加工是金属切削加工中最基本的方法,在机械制造业中应用非常广泛。

车削常用于对工件进行粗、半精加工。车削加工精度范围一般为 IT15~IT7,表面粗糙度 Ra 值可达 3.2~1.6 μm。

2. 车削加工特点

① 车削加工时,可以采用较高的切削速度。车刀刀杆伸出的长度可以很短,刀杆尺寸可以做得较大,可选较大切削用量,因此生产效率高。

② 车刀结构简单,刃磨和安装都很方便。另外,许多车床夹具已经作为车床附件生产,可以满足一般零件的装夹需要,生产准备时间短,因此车削加工与其他加工相比成本较低。

③ 除了车削断续表面之外,一般情况下车削过程是连续进行的,车削时切削力基本上不发生变化,因此车削过程比铣削和刨削平稳。

④ 适用于有色金属零件的精加工。当有色金属零件表面粗糙度要求较高时,不宜采用磨削加工,而要用车削或铣削等。

11.2.2 车 刀

在车削加工过程中主要使用的刀具是车刀,还可用钻头、铰刀、丝锥、滚花刀等。车刀是金

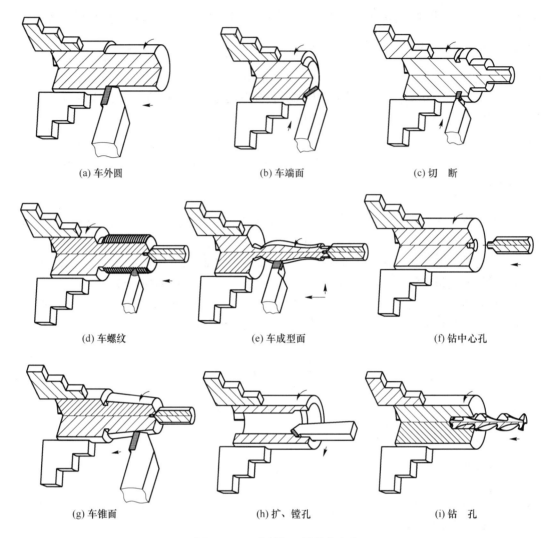

图 11-10 车削加工的基本内容

属切割加工中应用最为广泛的刀具之一,通常由刀体和切削部分组成。车刀种类很多,按用途不同可分为外圆车刀(左、右车刀)、镗孔车刀、切断刀、螺纹车刀、成形车刀。对于外圆车刀,一般按主偏角大小又可分为 90°、75°、45°外圆车刀。常见车刀种类及形状参见图 11-10。

11.2.3 车 床

用车刀在工件上加工回转表面的机床称为车床。其种类很多,常用的有卧式车床、六角车床、立式车床、多刀自动和半自动车床、仪表车床、数控车床等。

下面以常用的 C6132 型卧式车床为例进行介绍。

1. C6132 型卧式车床的型号命名

为了便于使用和管理,根据 GB/T15375—94《金属切削机床型号编制方法》,对机床的类型和规格进行编号,这种编号称为型号。

按 JB1838—85 规定,C6132 型号的含义如下:

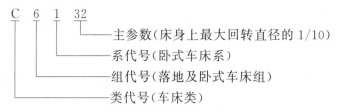

2. C6132型卧式车床的组成

图11-11所示为C6132型卧式车床的外形图和传动框图,其主要构成部分如下:

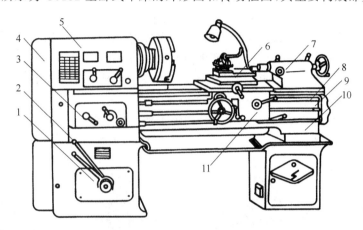

1—变速箱;2—变速手柄;3—进给箱;4—交换齿轮箱;5—主轴箱;6—刀架;
7—尾座;8—丝杠;9—光杠;10—床身;11—溜板箱

图11-11 C6132型卧式车床外形图及传动框图

① 床身 床身是用于支承和连接车床上各部件,并带有精确导轨的基础零件。溜板箱和尾座可沿导轨左右移动。床身由床脚支承,并用地脚螺栓固定在地基上,或用可调垫铁定位在平整的水泥或水磨石地面上。

② 主轴箱 主轴箱是装有主轴和变速机构的箱形部件。其速度变换是通过调整变速手柄位置,改变变速机构的齿轮啮合关系实现的。主轴为空心件,可装入棒料;其前端有锥孔,可插入顶尖;还有供安装卡盘或花盘用的相应结构和装置。

③ 进给箱 进给箱是装有进给变换机构的箱形部件。内有变速机构,主轴通过变换齿轮箱把运动传递给它。改变箱内变速机构的齿轮啮合关系,可使光杠、丝杠获得不同的旋转速度。

④ 溜板箱 溜板箱是装有操纵车床进给运动机构的箱形部件。它将光杠的旋转运动传给刀架,使刀架作纵向或横向进给的直线运动;操纵开合螺母可由旋转的丝杠直接带动溜板,完成螺纹加工工作。

⑤ 刀架部件 刀架是多层结构,分为中滑板、小滑板、转盘、方刀架等部分(见图11-11),可使刀具作纵向、横向和斜向运动。方刀架用以夹持刀具。

⑥ 尾座 尾座主要用于配合主轴箱支承工件或安装加工工具。当安装钻头、铰刀等刀具时,可进行孔加工。

11.3 铣削加工

在铣床上用铣刀对工件进行切削加工的过程称为铣削加工。它是切削加工的常用方法之一。

11.3.1 铣削加工特点及应用

1. 铣削加工范围

铣削加工范围非常广，而铣刀种类、形状多种多样，使用不同类型的铣刀，可进行平面、曲面、螺旋面、台阶面、切断、沟槽、键槽、成型表面等加工如图 11-12 所示。此外，在铣床安装钻头、铰刀、镗刀可进行孔加工，若再加上分度头、回转工作台及立铣头等附件，使铣削的加工范围更加广泛。

铣削可对工件进行粗、半精、精加工。铣削加工精度范围常为 IT13～IT7，表面粗糙度 Ra 值可达 3.2～1.6 μm。铣削既适用于单件小批量生产，也适用于大批量生产。

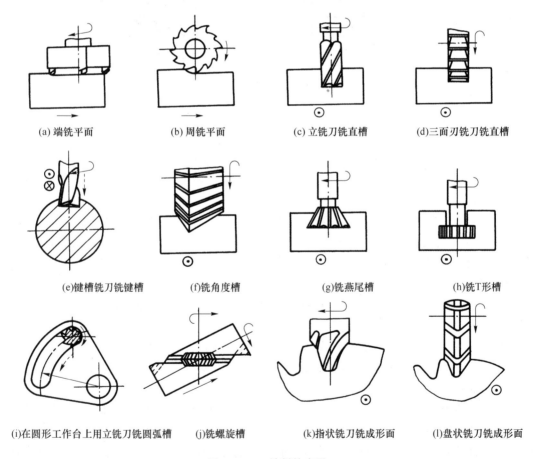

(a) 端铣平面　(b) 周铣平面　(c) 立铣刀铣直槽　(d) 三面刃铣刀铣直槽
(e) 键槽铣刀铣键槽　(f) 铣角度槽　(g) 铣燕尾槽　(h) 铣T形槽
(i) 在圆形工作台上用立铣刀铣圆弧槽　(j) 铣螺旋槽　(k) 指状铣刀铣成形面　(l) 盘状铣刀铣成形面

图 11-12 铣削的应用

2. 铣削加工特点

铣削加工是铣床使用旋转多刃刀具对工件进行切削加工的方法。铣削加工的特点主要表

现在以下几个方面:

① 铣削加工主要用于对各种平面、沟槽的加工。

② 铣削加工过程中,铣刀的旋转是主运动,铣刀或工件沿坐标方向的直线运动或回转运动是进给运动。

③ 由于多个刀齿同时参与切削,切削刃的作用总长度长,金属切除力大;每个刀齿的切削过程不连续,刀体体积又较大,因此铣削生产率高。

④ 铣削时,每个刀齿依次切入和切出工件,形成断续切削,而且每个刀齿的切削厚度是变化的,使切削力变化较大,使铣刀磨损加剧,降低了其耐用度。

⑤ 由于铣刀是多刃刀具,相邻两刀齿之间的空间有限,要求每个刀齿切下的切屑必须有足够的空间容纳并能够顺利排出,否则会造成刀具损坏。

⑥ 每种被加工表面的铣削有时可用不同的铣刀,不同的铣削方式进行加工。如铣平面,可以用平面铣刀,立铣刀,端铣刀或两面刃铣刀等,可采用逆铣或顺铣方式见图 11-13。这样可以适应不同工件材料和其他切削条件的要求,以提高切削效率和刀具耐用度。

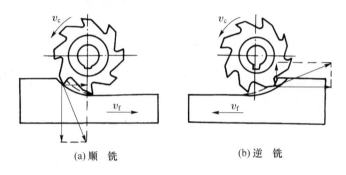

图 11-13 顺铣和逆铣

11.3.2 铣刀

铣刀是一种多齿多刃回转刀具,种类繁杂。按安装方法分类,铣刀可分为带柄铣刀和带孔铣刀两大类。前者多用于立铣;后者多用于卧铣。

① 常用带柄铣刀有立铣刀、键槽铣刀、T 形槽铣刀、指状铣刀(见图 11-12(c)、(e)、(h)、(i)、(k))等。其共同点是都有供夹持用的刀柄。带柄铣刀分为直柄和锥柄两类。

② 常用带孔铣刀包括圆柱铣刀、圆盘铣刀(含三面刃铣刀、锯片铣刀、齿轮铣刀等)、角度铣刀、套式端铣刀(含镶齿硬质合金端铣刀和高速钢端铣刀)及各种成形铣刀等(见图 11-12(a)、(b)、(d)、(f)、(j)、(l))。

11.3.3 铣床

主要用铣刀在工件上加工各种表面的机床称为铣床。铣床的种类很多,常用的有卧式铣床和立式铣床。卧式铣床可分为万能升降台铣床和卧式升降台铣床。

下面以常用的 X6132 型万能升降台铣床为例进行介绍。

1. X6132 型万能升降台铣床的型号命名

按 GB/T15375—94 规定,X6132 型号的含义如下:

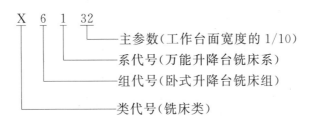

2. X6132 型万能升降台铣床的组成

图 11-14 为 X6132 型万能升降台铣床的外形图。其主要组成部分如下：

① 床身 用于固定、支承其他部件。其顶面有水平导轨供横梁移动；前面有垂直导轨供升降台升降；内部装有主轴、变速机构、润滑油泵、电气设备；后部装有电动机。

② 横梁 用于安装吊架，以便支承刀杆外伸端。

③ 主轴 用于安装刀杆并带动铣刀旋转。

④ 纵向工作台 用于安装夹具和工件并带动它们作纵向进给。侧面有挡块，可使纵向工作台实现自动停止进给；下面回转台可使纵向工作台在水平面内偏转一定角度。

⑤ 横向工作台 用于带动纵向工作台一起作横向进给。

⑥ 升降台 用于带动纵、横向工作台上下移动，以调整纵向工作台面与铣刀的距离和实现垂直进给。其内部装有机动进给变速机构和进给电动机。

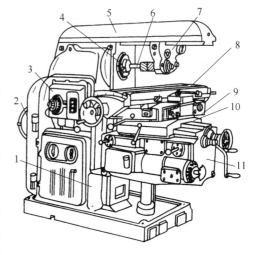

1—床身；2—电动机；3—主轴变速机构；4—主轴；
5—横梁；6—刀杆；7—吊架；8—纵向工作台；
9—转台；10—横向工作台；11—升降台

图 11-14 X6132 型万能升降台铣床

11.4 刨削加工

在刨床上用刨刀对工件进行切削加工的过程称为刨削加工。

11.4.1 刨削加工特点及应用

1. 刨削加工范围

刨削主要用于加工各种平面、沟槽、斜面、成型面等。图 11-15 所示是在牛头刨床上所能完成的部分工作。

2. 刨削加工特点

① 刨削加工过程中，通过刀具和工件之间产生相对的直线往复运动来刨削工件表面。

② 刨床的结构简单，调整、操作方便；刨刀形状简单，制造、刃磨和安装比较方便；能加工多种平面、斜面、沟槽等表面，适应性较好。

③ 刨削加工，回程不切削；刀具切入和切出时有冲击，限制了切削用量的提高，生产率一般较低。

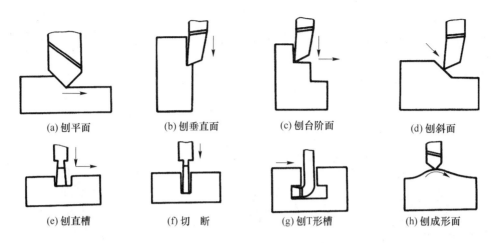

图 11-15 刨削的应用

④ 一般刨削的尺寸公差等级可达 IT9～IT8，表面粗糙度 Ra 值可达 $6.3～1.6\ \mu m$，加工精度中等。

11.4.2 刨　刀

刨刀的形状、几何参数与车刀相似，由于刨削是断续切削，刨刀切入工件有一定的冲击力，因此，刨刀刀杆制造成较为粗大，且为弯头。刨刀按用途分类，可分为平面刨刀、内孔刨刀、切断刨刀、成型刨刀等。常见刨刀种类及形状参见图 11-15。

11.4.3 刨床

用刨刀加工工件表面的机床称为刨床。其种类较多，常用的是牛头刨床和龙门刨床。下面以 B6065 牛头刨床为例进行介绍。

1. 刨床的型号命名

按 GB/T15375—94 的规定，B6065 牛头刨床的型号含义如下：

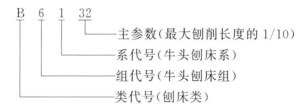

2. 刨床的组成

以 B6065 型牛头刨床为例，图 11-16(a) 为其外形图，其主要组成部分如下：

① 床身　用于支承和连接各部件。其内部有传动机构；顶面有供滑枕作往复运动用的导轨；侧面有供工作台升降用的导轨。

② 滑枕　主要用来带动刨刀作直线往复运动，其前端装有刀架。

③ 刀架　其功用是夹持刨刀（见图 11-16(b)）。当摇动其上的手柄时，滑板便可沿转盘上的导轨带动刀具作上下移协。若把转盘上的螺母松开，将转盘扳转一定角度，则可实现刀架斜向进给。在滑板上还装有可偏转的刀座。抬刀板可以绕刀座的 A 轴抬起，以减少回程时刀

具与工件间的摩擦。

④ 工作台　用来安装工件。它不仅可随横梁作上下调整,还可沿横梁作水平方向移动或作进给运动。

⑤ 传动机构　B6065型牛头刨床采用的是机械传动。

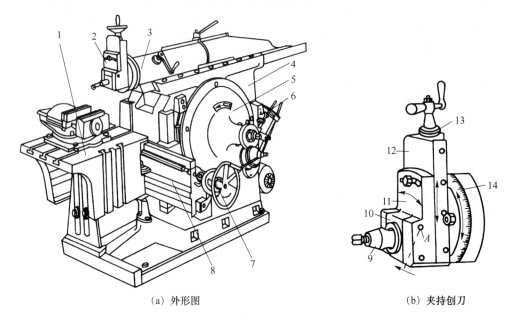

(a) 外形图　　　　　　　　　　(b) 夹持刨刀

1—工作台;2—刀架;3—滑枕;4—床身;5—摆杆机构;6—变速机构;7—进刀机构;
8—横梁;9—刀夹;10—抬刀板;11—刀座;12—滑板;13—刻度盘;14—转盘

图 11-16　B6065型牛头刨床

11.5　钻削加工

在钻床上用钻头对工件进行切削加工的过程称为钻削加工。它所用的设备主要是钻床,所用的刀具是麻花钻头、扩孔钻、铰刀等。

在钻床上进行钻削加工时,刀具除作旋转的主运动外,还沿着自身的轴线作直线的进给运动,而工件是固定不动的。

11.5.1　钻削加工特点和应用

1. 钻削加工的范围

钻床的加工范围较广,当采用不同刀具,可以完成钻孔、钻中心孔、扩孔、铰孔、攻丝、锪孔及锪平面等,如图11-17所示。

机械零件上经常需要钻孔。钻孔是一种粗加工方法,对精度要求不高的孔,也可以作为终加工方法,如螺栓、润滑油通道的孔等。对于精度要求较高的孔,先进行预加工钻孔后再进行扩孔、铰孔或镗孔。此外,由于钻孔是在实体材料上打孔的唯一机械加工方法,且操作简单,适应性广,既可用于单件小批生产,又可用于大批量生产,因此,钻孔应用十分广泛。

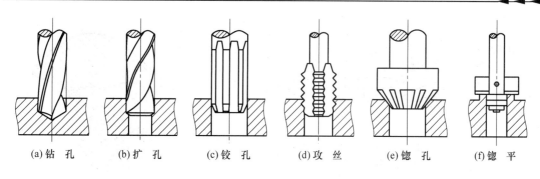

图 11-17 钻削加工的范围

2. 钻削加工工艺特点

① 钻削主要用来孔的加工。

② 钻削时主运动是钻床主轴的旋转运动,进给运动是主轴的轴向移动。

③ 由于钻头的刚性很差,定心精度很差,因而容易导致钻孔时的孔轴线歪斜。

④ 由于钻头易引偏、钻头刃磨时两个主切削刃刃磨较难对称一致,钻出的孔径就会大于钻头直径,产生孔径扩大的扩张量。

⑤ 由于钻孔时切屑较宽,容屑槽尺寸又受到限制,所以排屑困难,致使切削与孔壁发生较大的摩擦、挤压,拉毛和刮伤已加工表面,降低表面质量。

⑥ 由于钻削时大量高温切屑不能及时排出,切削液又难以注入到切削区,因此,切削温度较高,钻头磨损加快。

11.5.2 钻削加工的刀具

钻削加工的刀具种类较多,有中心钻、麻花钻、扩孔钻、深孔钻等,其中常用的是麻花钻。钻削加工的刀具常用种类及形状参见图 11-17。

标准的麻花钻由钻柄、颈部、工作部分组成,如图 11-18 所示。

钻柄是钻头的夹持部分,有直柄和锥柄两种。锥柄可传递较大的转矩,而直柄传递的转矩较小。

颈部位于工作部分与柄部之间,钻头的标记(如钻孔直径和商标等)就打印在此处。

工作部分包括切削部分和导向部分,切削部分主要完成对工件钻削,导向部分完成引导和修光孔壁的工作。

11.5.3 钻 床

主要用麻花钻头在工件上加工内圆表面的机床称为钻床,它是钻削加工的主要设备。其种类很多,常用的有台式钻床、立式钻床、摇臂钻床等。

1. 钻床的型号

以 Z4012 型台式钻床为例,根据 GB/T15375—94 的规定,Z4012 的含义如下:

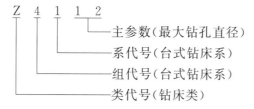

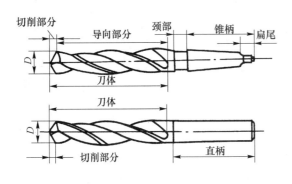 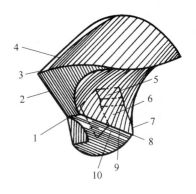

(a) 麻花钻的结构　　　　　　　　(b) 麻花钻切削部分的形状

1—横刃;2,9—主切削刃;3,7—副切削刃;4—刃带(副后面);
5—假想车刃;6—前面;8—刀尖;10—后面

图 11 - 18　麻花钻的构造

2. 钻床的组成

不同类型的钻床结构有所差别。这里以 Z4012 型台式钻床为例进行介绍。图 11 - 19 为 Z4012 型台式钻床的外形图。台钻主轴的变速通过改变 V 带在塔形带轮上的位置来实现;进给运动是手动的,由进给手柄操纵。

台钻结构简单、使用方便,主要用于加工小型工件上的各种小孔(孔径一般小于 13 mm)。

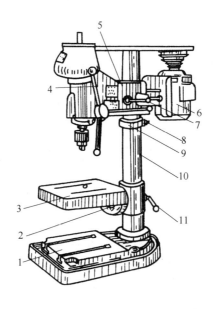

1—机座;2,8—锁紧螺钉;3—工作台;4—钻头进给手柄;5—主轴架;
6—电动机;7,11—锁紧手柄;9—定位环;10—立柱

图 11 - 19　Z4012 型台式钻床

11.6 磨削加工

在机床上用砂轮或其他磨具作为刀具对工件表面进行加工的过程称为磨削加工。磨削加工是零件精加工的主要方法之一。

磨削加工可获得的尺寸公差等级为 IT6~IT5,表面粗糙度 Ra 值为 $0.8\sim0.2~\mu m$。若采用精密磨削、超精磨削及镜面磨削,则所获得的表面粗糙度 Ra 值可达 $0.1\sim0.006~\mu m$。

11.6.1 磨削加工特点和应用

1. 磨削的加工范围

磨削加工过去一般用于半精加工和精加工。利用不同类型的磨床可分别磨削外圆、内孔、平面、沟槽、成型面(齿形、螺纹)。此外,还可用于各种刀具的刃磨。

磨削可以加工的工件材料范围很广,既可以加工铸铁、碳钢、合金钢等一般材料,也能够加工高硬度的淬硬钢、硬质合金、陶瓷和玻璃等难切削的材料。但是,不宜磨削塑性较大的有色金属及其合金工件。

2. 磨削的加工特点

① 磨削切削深度小,加工精度高及表面粗糙度值小。

② 磨削过程中,砂轮经磨损而变钝后,磨粒就会破碎,产生新的较锋利的棱角,继续进行对工件的切削加工。砂轮的这种自锐作用是其他切削刀具所没有的。

③ 可加工硬度很高的材料,特别适用于淬硬钢、高硬度特殊材料的加工。

④ 在磨削过程中,磨削速度很高,磨削区的温度可高达 $800\sim1~000℃$。因此在磨削时,必须以一定压力将切削液喷射到砂轮与工件接触部位,以降低磨削温度,并冲刷掉磨屑。

11.6.2 砂 轮

砂轮是磨削的主要工具。它是由砂粒(磨料)用结合剂粘结在一起经焙烧而成的疏松多孔体,如图 11-20 所示。

磨料直接担负切削工作,必须锋利和坚韧。常用的磨料有两类:刚玉类(Al_2O_3)和碳化硅类(SiC)。刚玉类适用于磨削钢料及一般刀具;碳化硅类适用于磨削铸铁、青铜等脆性材料及硬质合金刀具。

磨料用结合剂可以粘结成各种形状和尺寸的砂轮,如图 11-21 所示,以适用于不同表面形状和尺寸的加工。工厂中常用的结合剂为陶瓷。

11.6.3 磨 床

以砂轮作磨具的机床称为磨床。磨床的种类很多,常用的有万能外圆磨床、普通外圆磨床、内圆磨床、平面磨床等几种。下面以常用的 M1432A 型万能外圆磨床为例进行介绍。

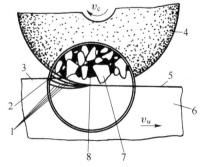

1—加工表面;2—空隙;3—待加工表面;4—砂轮;
5—已加工表面;6—工件;7—磨粒;8—结合剂

图 11-20 砂轮的组成

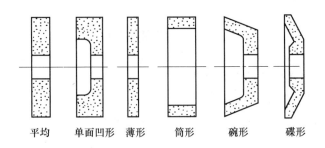

平均　单面凹形　薄形　筒形　碗形　碟形

图 11-21　砂轮的形状

1. M1432A 型万能外圆磨床型号命名

按 GB/T15375—94 规定，M1432A 型号的含义如下：

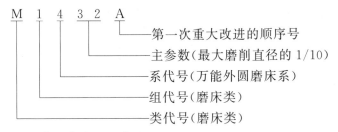

2. M1432A 型万能外圆磨床的组成

图 11-22 所示为 M1432A 型万能外圆磨床外形图。它的主要组成部分的名称和作用如下。

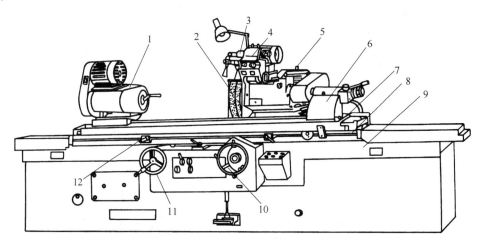

1—头架；2—砂轮；3—内圆磨头；4—磨架；5—砂轮架；6—尾座；7—上工作台；8—下工作台；
9—床身；10—横向进给手轮；11—纵向进给手轮；12—换向挡块

图 11-22　M1432A 万能外圆磨床

① 床身　用于支承和连接各部件。其上部装有工作台和砂轮架，内部装有液压传动系统。床身上的纵向导轨供工作台移动用，横向导轨供砂轮架移动用。

② 工作台　由液压驱动，沿床身的纵向导轨作直线往复运动，使工件实现纵向进给。在工作台前侧面的 T 形槽内，装有两个换向挡块，用以控制工作台自动换向；工作台也可手动。

工作台分上下两层,上层可在水平面内偏转一个较小的角度($\pm 8°$),以便磨削圆锥面。

③ 头架　头架上有主轴,主轴端部可以安装顶尖、拨盘或卡盘,以便装夹工件。主轴由单独的电动机通过传送带变速机构带动,使工件可获得不同的转动速度。头架可在水平面内偏转一定的角度。

④ 砂轮架　用来安装砂轮,并由单独的电动机,通过传送带带动砂轮高速旋转。砂轮架可在床身后部的导轨上作横向移动。移动方式有自动间歇进给、手动进给、快速趋近工件和退出。砂轮架可绕垂直轴旋转某一角度。

⑤ 内圆磨头　是磨削内圆表面用的,在它的主轴上可装上内圆磨削砂轮,由另一个电动机带动。内圆磨头绕支架旋转,使用时翻下,不用时翻向砂轮架上方。

⑥ 尾座　尾座的套筒内有顶尖,用来支承工件的另一端。尾座在工作台上的位置,可根据工件长度的不同进行调整。尾座可在工作台上纵向移动。扳动尾座上的杠杆,顶尖套筒可伸出或缩进,以便装卸工件。

磨床工作台的往复运动采用无级变速液压传动。

习题思考题

11-1　切削加工过程中切削用量三要素是什么?
11-2　刀具切削部分由哪几部分组成?
11-3　车削加工的基本特点有哪些?
11-4　铣削加工的基本特点有哪些?
11-5　常用的铣削加工有哪几种?
11-6　一般情况下,刨削加工的生产率为什么比铣床要低?

第五篇　金属切削加工工艺规程及经济分析基础

第 12 章　概　述

12.1　工艺过程的概念及组成

12.1.1　生产过程

由原材料或半成品转变成为成品的全部劳动过程的总和称为生产过程。产品的生产过程包括：

① 生产技术的准备工作,比如产品的试验研究与设计,产品的工艺设计及专用工艺装备的设计与制造,各种生产资料的准备及生产组织等；

② 毛坯制造,比如铸造、锻造、焊接及冲压等；

③ 零件的机械加工与热处理,比如车、钻、刨、铣、磨、电火花成型等；

④ 产品的装配,包括部装、总装和油封等；

⑤ 各种生产服务活动的安排,比如原材料、半成品的运输保管；产品的检验、试车、油漆、包装和发运等。

为方便组织生产,提高劳动生产率,取得良好的经济效益,企业间一般采取动态联盟,实行异地协同制造或设计。把一种产品的生产任务分散到许多工厂加工,分别制造毛坯和零部件,然后集中到一个工厂制造出完整的机器产品。比如汽车的制造,就是通过使用一系列工厂生产的成品,包括汽车玻璃、轮胎、滚动轴承、电器、仪表盘等,再结合本厂制造的零部件,集中完成整台车辆的装配制造。

由原材料制造成本厂成品的全部劳动过程的总和称为工厂的生产过程。一个车间由原材料制造成车间成品的劳动过程的总和称为车间生产过程。把生产过程划分为工厂生产过程和车间生产过程,有助于实现生产专业化,并使生产在技术、经济和组织等方面取到良好的效果。工厂生产过程流程如下：

原材料→进厂→第一工序车间原材料→第一工序车间成品→第二工序车间原材料→第二工序车间成品→……→成品出厂。

12.1.2　工艺过程

在生产过程中,直接改变原材料或毛坯的形状、尺寸、性能或零件相互位置关系,使之成为成品或半成品的过程称为工艺过程。工艺过程包括毛坯制造(如铸造、锻造、焊接)、机械加工(有切削加工、无切削加工)、热处理和装配等。

在工艺过程中,利用机械加工的方法直接改变毛坯形状、毛坯尺寸以及表面质量,使之成为合格零件的过程称为切削加工工艺过程。切削加工工艺过程属于机器生产过程中的重要组成部分。

12.1.3 工艺过程的组成

机械加工工艺过程一般由一个或一系列顺序排列的工序组成,每一个工序又可依次细分为安装、工位、工步、走刀。毛坯经过各个工序加工后,变成成品零件。

1. 工 序

由一个或一组工人,在一台机床或一个工作地点上,对一个或一组工件所连续完成的那部分工艺过程称为工序。设备(或工作地)、工件和连续作业是工序的三要素。划分工序根据工序三要素来确定,如果不能满足其中一个条件,即构成另一道工序。如图12-1所示的螺钉分3道工序。

工序Ⅰ:车削加工(A、B、C、D、E、F、d、螺纹);
工序Ⅱ:钳工画线(六边形);
工序Ⅲ:铣削加工(六棱柱面)。

图 12-1 螺钉

工序是工艺过程的基本单元,也是生产计划、定额管理和经济核算的基本单元。根据加工余量大小及工序前后工件质量提高的程度,工序分为荒加工、粗加工、半精加工、精加工和光整加工等工序。为提高设备利用率,通常把同种工序集中安排在一起,形成粗加工阶段、半精加工阶段和精加工阶段。

2. 安装与工位

(1) 安 装

工件经一次装夹所完成的那一部分工序称为安装,图12-1中所示的螺钉车削工序分2次安装。

第一次安装:如图12-2(a)所示,用三爪(四爪)卡盘夹持左端,加工A、B、C、d及螺纹面;
第二次安装:如图12-2(b)所示,用三爪(四爪)卡盘夹持右端,加工E、F面。

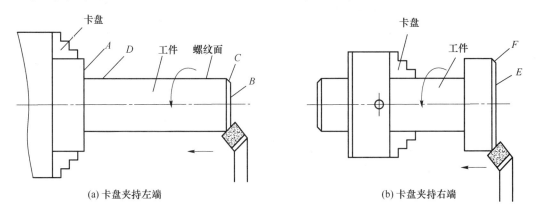

图 12-2 卡盘装夹工件

工件不同,所采用的夹具也不同;同一工序,工件可能安装一次,也可能安装几次。安装的次数越多,误差越大。生产中为了减少安装误差,提高生产率,常采用回转工作台、回转夹具或移动夹具等,使工件在一次安装中,能先后处于几个不同位置进行加工。

(2) 工 位

工件在机床每一个加工位置上所完成的那一部分工艺过程称为工位。在大批量生产中,为了减少安装次数,常采用回转工作台、回转夹具或移动夹具,使工件在一次安装中先后处于几个不同的位置加工。如图 12-3 所示,利用回转工作台在一次安装中依次完成工件装卸、钻孔、扩孔、铰孔四个工位加工。

采用多工位加工,能减少安装次数,减少由于安装次数过多而带来的误差及时间损失,确保工件加工质量,提高劳动生产率。

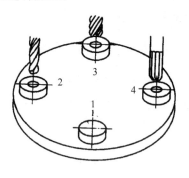

1—装卸工件;2—钻孔;3—扩孔;4—铰孔

图 12-3 多工位加工

3. 工步与走刀

(1) 工 步

工序可进一步划分为工步。当加工表面(或装配时的连接表面)、加工(或装配)工具和切削用量中的转速与进给量均不变时,所完成的那部分工序称为工步。一道工序包含一个或几个工步。为了提高劳动生产率,用几把刀具,同时加工同一工件表面的工步称为复合工步。

(2) 走 刀

在一个工步中,由于被加工零件表面切除的金属层厚度较大,必须分几次切削才能完成,每一次切削就是一次走刀。走刀是工步的一部分,一个工步包括一次或几次走刀。

如图 12-4(a)、12-4(b)所示短轴零件右端 Φ14 外圆面,至少要分二次走刀才能完成。第一次走刀粗车右端外圆至 Φ15 mm,长度 27 mm,第二次走刀精车右端外圆至 $Φ14^{0}_{-0.01}$ mm,长度 27 mm。工艺如下:

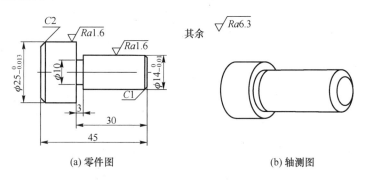

(a) 零件图　　　　　　　　(b) 轴测图

图 12-4 短 轴

$$\text{工艺过程}\begin{cases}\text{工序 1}\\ \vdots\\ \text{工序 }i\\ \vdots\end{cases}\begin{cases}\text{安装 1}\\ \vdots\\ \text{安装 }i\\ \vdots\end{cases}\begin{cases}\text{工位 1}\\ \vdots\\ \text{工位 }i\\ \vdots\end{cases}\begin{cases}\text{工步 1}\\ \vdots\\ \text{工步 }i\\ \vdots\end{cases}\begin{cases}\text{走刀 1}\\ \vdots\\ \text{走刀 }i\\ \vdots\end{cases}$$

12.1.4 定位基准

1. 基准的概念

零件上用来确定其他点、线、面的位置,所依据的那些点、线、面统称为基准。基准按照其功能的不同,可划分为设计基准和工艺基准。设计基准用于产品零件的设计图中,工艺基准用于机械制造工艺过程中。

(1) 设计基准

设计图样中所采用的基准称为设计基准。一般轴套类零件的轴线(中心线)为零件各外圆面及中心孔的设计基准。如图 12-5(a)、12-5(b)所示,轴套的轴心线 $O-O$ 为外圆面 $\Phi40$、外圆面 $\Phi30$ 及内孔 $\Phi20$ 的设计基准;端面 A 为端面 B 和端面 C 的设计基准。

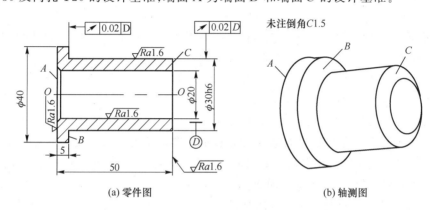

(a) 零件图　　　　　(b) 轴测图

图 12-5　轴　套

(2) 工艺基准

零件在工艺过程中所采用的基准称为工艺基准。工艺基准按照用途不同,可以分为装配基准、度量基准和定位基准。

① 装配基准　装配时用来确定零件或部件在产品中正确位置所采用的基准称为装配基准。一般轴类零件的轴承支承面(轴颈)及齿轮套装在轴上的圆柱孔等属于装配基准。如图 12-5(a)所示,$\Phi30h6$ 外圆面及端面 B 即为装配基准。

② 度量基准　检测零件时,用来度量零件尺寸和形位公差所依据的基准称为度量基准。

③ 定位基准　加工中用作定位的基准称为定位基准。如图 12-5(a)所示,用内孔装在心轴上磨削 $\Phi30h6$ 外圆表面时,内孔中心线 $O-O$ 为定位基准。

定位基准分为粗基准和精基准两种。粗基准(毛基准)是在第一道切削加工工序中所采用的基准。一般来说,第一道切削加工工序采用的是毛坯表面定位。粗基准只能使用一次,否则容易产生加工误差,影响后续工序的加工质量。所以在后续各工序中,必须使用已经切削过的表面作为定位基准,这种定位表面称为精基准(光基准)。精基准又分为主要精基准和辅助精基准,各种基准关系如图 12-6 所示。

图 12-6　各种基准的关系

2. 定位基准的选择

定位基准选择是否合理,对确保产品质量,提高生产效率，降低生产成本有直接的影响。

(1) 粗基准的选择

选择粗基准时，必须使所有加工表面都留有适当的加工余量，并且要保证零件上各加工表面对各非加工表面有一定的位置精度。选择原则如下：

① 优先选择不需要加工的零件表面作为粗基准。

② 在零件各表面均需要加工的情况下，选择余量最小的表面作为粗基准。

③ 尽量选择平整光滑，没有浇口、飞边等表面缺陷，且与其他加工表面之间偏移最小的表面作为粗基准。

(2) 精基准的选择

选择精基准时，先要确保定位精度和定位稳定可靠，其次要尽量减少因定位不妥而引起的加工误差。选择原则如下：

① 基准重合原则　尽量选择加工表面的设计基准作为精基准，减少零件加工或装配时，由于基准不重合造成的误差，实施"基准重合"原则。

② 基准统一原则　指从第二道工序开始，后续的工序尽量采用同一个精基准。"基准统一"原则能用同一组基面加工大多数表面，有利于减少误差，提高工件加工精度。比如，当轴类零件加工时，车削、磨削各外圆表面，均采用轴两端顶尖孔作为定位基准，以保证各外圆表面同轴度及轴心线与端面的垂直度；齿轮齿坯和轮齿加工多采用齿轮内孔及基准端面作为定位基准。"基准统一"原则还能简化夹具及专用量具的设计制造工作，一方面使工件安装方便、测量可靠，另一方面缩短了生产技术准备周期。

③ 互为基准原则　反复加工各表面时，比如车削外圆与镗内孔、铣削上表面与下表面等，常使各表面互为定位基准。特别是在薄壁易变形零件的加工中，采用"互为基准"的原则反复加工，能使各表面之间达到高的位置精度。

④ 自为基准的原则　某些精加工和光整加工工序，比如铰孔、拉削成形孔、无心磨削、研磨、珩磨等，常采用"自为基准"原则，以加工表面本身作为定位基准。采用这种定位方式时，加工表面的形位精度要事先保证。

12.1.5　工件安装

工件安装包含定位和夹紧。为了在工件的某一部位上加工出符合技术要求规定的表面，切削加工之前，必须使工件在机床上相对于工具占据某一正确的位置，该过程称为工件的定位。工件定位后，为确保工件位置在加工过程中不移动，还须以适当的夹紧力在正确的着力点将工件夹牢，该过程称为夹紧。定位和夹紧都可能引起加工误差，工件安装是否稳固和迅速，将直接影响工件的加工质量、生产成本和生产率的高低。以下从生产类型、定位精度要求及毛坯情况等方面分析工件安装方法。

1. 直接找正

工件装在机床上后，由操作工人利用千分表或划针，采用目测法校正工件的正确位置，一边找正，一边校验，直至能确保定位精度的安装方法称为直接找正。如工件安装在四爪卡盘上，就是通过反复校验，找正工件内圆、外圆面，以保证定位精度。直接找正法的定位精度和效率，取决于所找正表面的精确性、所用刀具及工人技术水平的高低。但这种安装方法生产效率低，仅适用于单件、小批生产，或定位精度要求很高的加工。

2. 画线找正

在机床上用划针按毛坯或半成品上所画的线找正工件,使工件获得正确位置的方法称为画线找正。这种方法要增加一道画线工序,很费工时,定位精度和效率取决于画线精度、找正方法及工人技术水平,一般只能达到 0.2~0.5 mm。但通过划线可以控制、调整毛坯各加工表面的加工余量,使各加工表面和非加工表面之间位置偏差不至于过大。这种方法多用于生产批量小,毛坯精度偏低,形状复杂的大型铸、锻件等不宜使用夹具的粗加工中。

3. 采用专用夹具安装

专用夹具根据一定零件某一工序的具体情况设计制造,夹具上设有精确而稳定的定位元件,可以保证工件在夹具中的正确位置;夹具上也设有操作方便迅速、夹紧力适当的夹紧装置,可以迅速的将工件夹紧。所以这种安装工件的方法快捷且定位精度高,但设计制造周期长,成本高,在成批大量生产中广泛采用。

12.2 生产类型对工艺过程的影响

12.2.1 生产纲领

企业在计划期内制造规定产品(或零件)的年产量称为生产纲领。零件的年生产纲领按下式计算,即

$$N = Qn(1 + \alpha + \beta)$$

式中:N 为零件的生产纲领(件/年);Q 为产品的生产纲领(台/年);n 为每台产品中该零件的数量(件/台);α 为备件的百分率(%);β 为废品的百分率(%)。

生产纲领的大小对组织生产和零件加工工艺过程有着重要的影响,它决定了各生产工序专业化、自动化程度,也决定了该选用的工艺方法及工艺装备。

12.2.2 生产类型

根据产品生产纲领的大小和品种的数量,生产类型可分为单件生产、成批生产和大量生产三种类型。

1. 单件生产

产品的品种较多,每种产品的产量很少,同一个工作地点的加工对象经常改变,很少重复生产,甚至完全不重复生产的生产类型称为单件生产。比如重型机械制造车间、工具车间和机修车间等。

2. 成批生产

产品的品种不是很多,但每种产品均有一定的数量,工作地点的加工对象周期性更换的生产类型称为成批生产。比如机床制造厂、机车车辆厂等大多属于成批生产。每批制造同一产品(或零件)的数量称为批量。根据批量大小和产品特征,成批生产可分为小批生产、中批生产和大批生产。生产类型不同,所需要的工艺装备、工人的技术要求、工时定额及零件互换性等均不同。

3. 大量生产

同一种产品的制造数量很多,大多数工作地点,长期重复同一零件、某一工序加工的生产

类型称为大量生产。比如汽车、自行车、拖拉机等机器产品的制造厂及标准件的制造厂都属于大量生产。在大量生产中,每经过一定的时间即生产出一个零件,这段时间称为节拍。大量生产是严格按一定的节拍进行的。

不同生产类型与生产纲领的关系如表 12-1 所列。

表 12-1 生产类型与生产纲领的关系

生产类型		零件的年生产纲领			同一时间地每月担负的工序数
		重型零件	中型零件	轻型零件	
单件生产		<5	<10	<100	—
成批生产	小批生产	5~100	10~200	100~500	20~40
	中批生产	100~300	200~500	500~5 000	10~20
	大批生产	300~1 000	500~5 000	5 000~50 000	2~10
大量生产		>1 000	>5 000	>50 000	1~2

12.2.3 生产类型对工艺过程的影响

生产类型不同,企业在生产组织、生产管理、车间布置、所用设备、零件毛坯、所用工具、工时定额、零件互换性、加工方法及工人技术水平等各方面要求不同;生产类型不同,对零件加工工艺过程的影响也不同。工艺规程的制定,必须要与相应的生产类型相适应,才能获取最大的经济效益。

不同生产类型的工艺特征如表 12-2 所列。

表 12-2 各种生产类型的工艺特征

工艺特征	生产类型		
	单件小批	中批	大批大量
产品数量	少	中等	大量
加工对象	经常变换	周期性变换	固定不变
毛坯制造方法与加工余量	木模手工造型、铸造、自由锻造;毛坯精度低,加工余量大	部分采用金属模铸造或模型锻造;毛坯精度和加工余量适中	采用金属模机器造型、模锻或其他高效加工方法;毛坯精度高,加工余量小
机床设备和布置	通用机床按机群式布置	通用机床及部分专用机床按工艺流程布置	广泛采用专用机床及自动机床;按流水线、自动线排列设备
工艺装备	采用一般刀具、通用量具和通用夹具	广泛采用专用刀具、夹具、量具	广泛采用高效专用刀、夹、量具
工件安装方法	画线找正、试切法	部分画线找正	勿需画画找正
操作方式	根据测量采用试切法加工	在调整好的机床上加工,有时也采用试切法	采用调整复杂的、自动化程度高的机床或自动线
零件互换性与装配	有限地采用互换性原则,广泛采用钳工修配	普遍采用互换性原则,保留部分修配工作	完全互换不用修配允许选择装配

续表 12-2

工艺特征	生产类型		
	单件小批	中批	大批大量
对工人技术要求	需技术水平较高的工人	需一定技术水平的工人	对调整工人技术水平要求高,对操作工人技术水平要求低
工艺规程	只编制简单的过程卡片	编制详细的过程卡片,重要零件的工艺卡片,关键工序的工序卡片	详细编制过程、工艺、工序、检验、调整等卡片
生产率	低	中等	高
成本	高	中等	低

练习思考题

12-1 何谓机械产品生产过程？它包括哪些内容？

12-2 什么是工艺过程和切削加工工艺过程？

12-3 机械制造的工艺过程包含什么内容？

12-4 简述工序、安装、工位、工步的含义。

12-5 生产类型分为哪几类？各有何工艺特征？

12-6 简述基准的含义以及粗、精基准选择的基本原则。

12-7 什么是生产纲领？零件的年生产纲领如何计算？

第13章 金属切削加工工艺过程

13.1 加工工艺规程及其作用

机械制造的目的是为给社会提供价廉物美、高效实用的机器产品。为了提高机械产品在国内外市场上的竞争力,企业必须制造出优质、高产、低消耗的产品。如何经济合理地制造出符合要求的零件,是生产机械产品的基础。

13.1.1 加工工艺

工人利用现有生产设备、工具及一定的方法,对各种原材料、半成品进行加工处理(如毛坯制造、切削加工、热处理、检验等),使之成为合格零件的过程称为加工工艺。机械零件都是由形状不同、性能各异的多个表面所共同围成的,对这些表面的加工,不可能只用同一种设备,或在同一个工作地点加工完成,必须经过多种(或多台设备),在多个工作地点才能加工出来。正确选择零件各个表面的加工方法,合理安排加工顺序,规范零件的加工工艺过程,有利于缩短零件的加工工时,提高劳动生产率。

13.1.2 工艺规程

同一零件的加工,可能有几种不同的工艺方案,但在一定的生产条件下,只有一种加工工艺方案最为经济合理。把其中最为经济合理的方案,用文件的形式记录下来,作为共同遵守的规程,用来指导生产,称为工艺规程。在制定零件的加工工艺规程时,必须从实际出发,根据零件的性质(通用性或专用件,标准件或非标准件)、生产规模(单件小批生产、成批生产或大量生产)、生产方式(连续生产或轮番生产)以及企业现有的生产条件,优先采用先进工艺和先进技术,制定出最为经济合理的加工工艺规程。零件加工工艺规程制订合理与否,将直接影响着零件的质量,影响着企业的生产率和经济性。

13.1.3 加工工艺规程的作用

加工工艺规程简要地规定了零件各表面的加工顺序,所用机床及工具类型,各工序的技术要求和必要的操作方法,它有如下作用:

1. 工艺规程是企业指导生产的主要技术文件

工艺规程是在给定的生产条件下,在总结实际生产经验和科学分析的基础上,依据工艺理论和必要的工艺试验,由多个加工方案优选制订而成的文件,它体现了整个企业或部门群众的集体智慧。按照工艺规程组织生产,可以确保产品质量,提高生产效率,并给企业带来良好的经济效益。

2. 工艺规程是企业组织生产、安排管理工作的重要依据

新产品投产前,需要依照工艺规程完成各项生产准备工作。比如原材料与毛坯的供应、通

用工艺装备的确定、机械负荷的调整、专用工艺装备的设计与制造、作业计划的编排、劳动力组织及生产成本核算等;计划和调度部门要按照工艺规程确定零件的投料时间和数量、调整设备负荷、供应动力能源、调配劳动力;各生产场地要按照工艺规程制定的工序、工步及所用设备、工时定额等有步骤地组织生产;管理部门制定定额、计算成本、生产计划、劳动工资、经济核算等也要以工艺规程为依据,使各科室、车间、工段和工作地紧密配合,保质保量完成各项生产任务。

3. 工艺规程是新建、改(扩)建工厂或车间的基本资料

在新建或改(扩)建工厂(车间)时,只有依据工艺规程,依据生产纲领,才能正确地确定出生产中所需要的机床及其他设备的种类、规格和数量;才能确定出生产车间的面积、厂房及机床布局;确定出人员编制、技术工人工种、技术等级和数量,以及各辅助部门的安排等。

4. 工艺规程有助于技术交流和先进经验的推广

经济合理的工艺规程并不是一成不变的,是相对的、有时间、地点和条件的。它具有两重性:一是相对稳定性,即在一定时期内它是固定不变的,只有按工艺规程进行生产才能确保产品质量和提高经济效益。在某种意义上,工艺规程就是工艺立法。二是工艺规程的可变性,由于先进工艺和技术不断涌现,应将其中成功的内容定期地纳入工艺规程。但必须经过科学试验、试生产、试车运行实践检验,再经过一定的审批手续,才能正式写入工艺规程。一经纳入了工艺规程就成了新的工艺立法,从此又进入新的稳定阶段。如此无限循环,推动先进经验的不断推广及生产技术不断发展。

另外,在主制厂与复制厂之间使用工艺规程作为技术桥梁,能较大限度地缩短复制厂的试制生产周期;在对外贸易活动中,工艺规程作为技术专利,是挣取外汇的手段之一。

13.2　加工工艺规程的制定

零件的表面,可分为外圆面、内圆面、平面和成形面四类。零件的切削加工,实际上就是对零件各表面的加工,机械加工的任务是用切削的方式把毛坯加工成为零件(成品)。制定零件的加工工艺规程,就是综合运用各种切削加工工艺及热加工知识,去指导零件制造的全过程,并把其中经济合理的内容,按工艺过程的顺序,以一定格式用文件的形式固定下来。

13.2.1　制定加工工艺规程的原则

在一定的生产条件下制定的工艺规程,必须以最少的劳动量、最低的费用,可靠地加工出符合图样以及技术要求的零件。

1. 技术上的先进性

制订加工工艺规程时,要全面了解并结合当时国内外同行业工艺技术发展水平,进行必要的工艺试验,积极采用先进工艺和工艺装备,并充分利用现有生产条件。

2. 经济上的合理性

在一定的生产条件下,能保证零件技术要求的工艺方案并不是唯一的。此时应进行成本核算、统筹兼顾、相互比较,选择最为经济合理的方案,使产品在能源消耗、原材料消耗及生产成本上最低。

3. 有良好的劳动条件

一方面要优先考虑机械化、自动化程度高的加工方案,尽量降低工人的劳动强度;另一方面要注重挖掘企业潜力,注重利用和改造现有生产设备,充分调动现有技术力量的积极性。同时要遵守国家有关环境保护法的各项规定,积极保护、预防并减少现场环境污染。

13.2.2 制订加工工艺规程的步骤

工艺规程的制定是非常复杂的一个过程,应根据零件的生产类型、现有的生产条件、零件的技术要求等确定合适的步骤。

1. 图纸的工艺审查

对图纸的工艺审查,是为了降低机器产品的加工工作量和装配工作量,它包括对装配图的审查及零件图的审查等。

(1) 审查装配图

通过对装配图的审查,可以熟悉了解产品的用途、使用性能、工作条件;各零件的作用、受力情况及它们所处的装配位置;各项技术条件及主要的技术要求;产品的技术关键点、难以加工的关键零部件等,了解并掌握产品的全部工艺过程。如图 13-1(a) 为齿轮油泵的装配图,图 13-1(b) 为装配轴测图。从图中可以了解到,齿轮油泵主要由左端盖、泵体、右端盖、齿轮及传动齿轮轴等部件组成,端盖和泵体之间依靠销钉定位并螺钉紧固联接;齿轮油泵属于冷却系统及润滑系统中的常用部件。它的主要作用是依靠一对齿轮的高速旋转运动输送并供给油路中的油液。齿轮油泵工作时,一对齿轮在泵体内作高速啮合传动,啮合区内的吸入腔空间,由于轮齿的相互啮合、脱开,齿间容积增大,压力降低而产生局部真空,油池内的油在大气压力的作用下进入油泵低压区的吸油口,随着齿轮的转动,一个个齿槽中的油液不断被带到排出腔将油压出,输送到机器中需要冷却或润滑的地方。

(2) 审查零件图

通过对零件图的审查,可以掌握每一个零件的加工要求,比如零件形状的复杂程度、零件加工的尺寸精度、尺寸公差、形位公差、表面粗糙度要求及材料的工艺性能等。如图 13-2(a) 为端盖的零件图,13-2(b) 为轴测图。从图中可以知道,该零件材料为 HT200,零件形状为圆盘形,外形较简单,端盖上有六个形状、大小相同并均匀分布的沉孔,端盖内有 $\Phi 48$ 的油封槽及 $\Phi 35$ 的轴孔;零件右端面及 $\Phi 80$ 的外圆柱面光洁度要求较高,数值为 6.3,其他表面光洁度要求低,数值为 12.5;$\Phi 80$ 的外圆柱面上标有尺寸公差 f6,该表面属于配合表面。

(3) 审查时要考虑的问题

从加工角度,对全部图纸进行总工艺审查。

① 产品装配工艺的合理性,产品易拆装性和维修性;

② 零件加工工艺及零件结构工艺的良好性,比如轴端、孔端倒角等;

③ 零件的尺寸精度、表面粗糙度、尺寸公差及形位公差的合理性;

④ 各零件选材恰当性;

⑤ 产品全套图纸及产品技术要求标注是否齐全,视图表达及视图关系是否正确,各尺寸之间是否合理等。

经工艺审查发现的问题,应及时会同设计人员商榷沟通,并遵照国标规范及技术管理制度,对图纸进行必要的补充修改,避免生产上的损失。

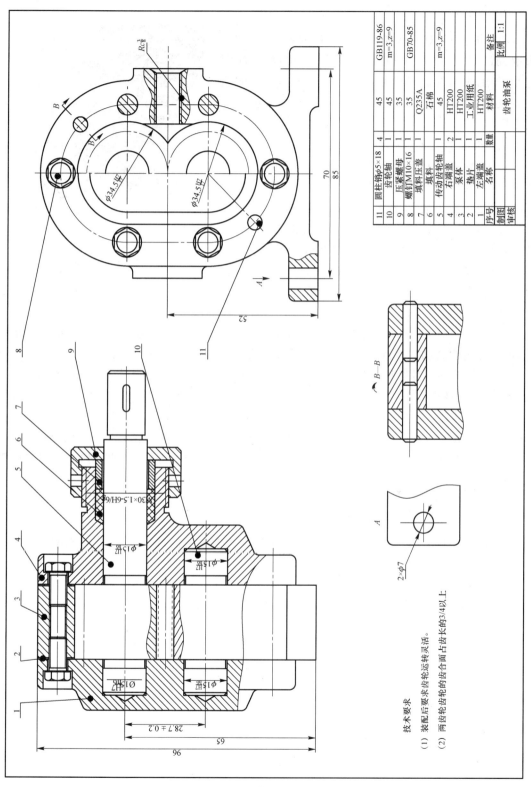

(a) 装配图

图 13-1 齿轮油泵

2. 毛坯的选择

不同的毛坯,对零件加工工艺各项内容,比如加工余量、加工方法、加工工序、加工顺序、所用设备、时间定额、加工成本等都有极大影响。必须根据零件的结构和技术条件,确定毛坯的种类及制造方法,并初步确定毛坯的尺寸。

(1) 机加工中常见毛坯分类

1) 原型材　利用冶金材料厂提供的截面棒料、丝料、板料或其他形状截面的型材,经下料直接送往加工车间,由加工车间进行表面加工的毛坯称为原型材。原型材分热轧型材和冷轧型材。热轧型材精度低、尺寸大,适用于一般零件毛坯;冷轧型材精度高、尺寸小,适用于精度较高的中小型零件毛坯。

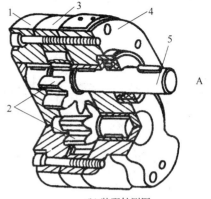

(b) 装配轴测图
1—左端盖;2—啮合齿轮;
3—泵体;4—右端盖;
5—传动齿轮轴

图 13-1　齿轮油泵(续)

2) 锻件毛坯　经原型材下料,再通过锻造获得合理的几何形状和尺寸的坯料称为锻件毛坯。锻件毛坯分为自由锻件和模锻件。自由锻件精度低,加工余量大,生产率低,适用于单件小批及大型锻件;模锻件精度高,加工余量小,适用于批量较大的中小型锻件。

3) 铸件毛坯　对形状复杂的毛坯,多用铸造件。铸件毛坯分为铸钢和铸铁,图 13-2 中的端盖零件毛坯即为 HT200。机械加工中,对铸件毛坯有以下质量要求:

① 铸件的化学成分、力学性能要符合图样规定的材料牌号;

② 铸件表面应进行清砂处理,去除疤痕、飞边和毛刺,残留高度不大于 1~3 mm;

③ 铸件内部,特别是靠近工作面处不得有气孔、砂眼、裂纹等缺陷,非工作面不得有严重的疏松和较大的缩孔;

④ 铸件应及时热处理,铸钢件由牌号确定热处理工艺,常以完全退火为主。铸铁件应进行时效处理,以消除内应力和改善加工性能;

⑤ 随着专业化、专门化道路的发展以及标准化程度的提高,以商品形式出现的半成品得到了广泛应用。机加工中使用半成品,能降低零件成本,缩短零件制造周期。未来无切削、少切削加工将是整个机械制造业的发展方向。半成品毛坯将成为机械零件毛坯的主要形式。

4) 焊接件　对单件或小批生产的大型件毛坯,常采用焊接件。焊接件生产周期短,但零件变形大,通常要经过时效处理后再进行机加工。

(2) 毛坯制造方法的选择

选择毛坯的制造方法时,应结合企业生产纲领、各毛坯车间、机加工车间现有生产条件综合考虑。对尺寸精度要求高、表面粗糙度数值小的毛坯,尽量采用精密铸造、精密锻造、冷轧、挤压、粉末冶金、异形钢材等方法制造毛坯,以利于减少切削加工余量,降低加工成本,提高材料利用率。新建工厂时,应尽量采用新技术、新工艺、新材料,重点改进毛坯制造方法。科学的毛坯制造方法比使用高效切削加工设备更能有效地降低产品总成本,提高零件的质量。

3. 工艺分析

(1) 确定主要加工表面的加工方法

根据零件图先找出零件的主要加工表面(重要表面)。主要加工表面指外圆面、内圆面

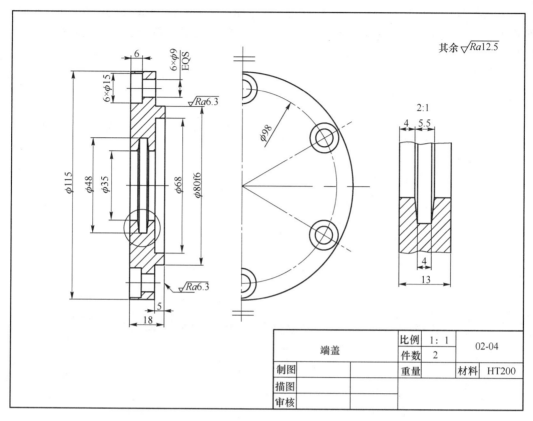

(a) 端盖零件图

(b) 端盖轴测图

图 13-2 端 盖

(孔)、平面及成形面等四种基本面(比如轴颈、轴承孔、导轨面等)。重点制定主要表面的加工方法,解决工艺规程制定中的主要问题。

1) 外圆面的加工 外圆面是盘类、轴套类及环类零件的主要表面,外圆面的加工在切削加工中所占比例很大。外圆面由外圆柱面和外圆锥面组成,加工方法主要采用车削和磨削。由于工作条件不同,外圆面加工的技术要求也不同。

① 低精度外圆面(IT13～IT12、$Rz50$),仅用粗车即可。如图 13-2 所示端盖零件上 $\Phi115$ 外圆面的加工。

② 中等精度外圆面(IT11～IT8、$Ra6.3$～$Ra1.6$),用粗车-半精车。如图 12-2 所示端盖

零件上 $\Phi 80f6$ 外圆面的加工。

③ 精密外圆面（IT7～IT6、$Ra0.8$～$Ra0.1$），用粗车-半精车-粗磨-精磨，或粗车-半精车-精车-精细车二种方法。但后者生产效率低、成本较高，只有对有色金属零件或缺少磨床时才采用。

④ 特别精密外圆面（IT5、$Ra0.1$～$Rz0.05$），用粗车-半精车-粗磨-精磨-研磨。不同精度、表面粗糙度的外圆面加工顺序如图 13-3 所示。

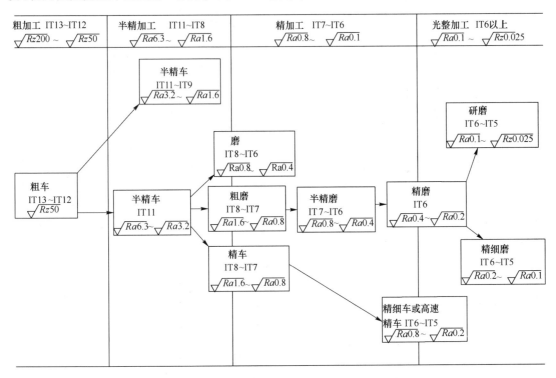

图 13-3 外圆面（轴）的加工顺序

2）内圆面（孔）的加工 在机器设备中，具有孔的零件数量也相当多，比如盘类、套筒类、环类、箱体类及轴类零件都可能含有内圆面，孔的加工同样是切削加工中的主要工作。在孔的加工中，冷却、排屑、观察、测量都比较困难，刀具的刚性也较差，所以孔的加工较外圆面更困难，且生产效率较低，加工成本较高。

孔的加工方法主要有钻、扩、铰、镗、磨等，不同的加工方法都有各自的适用范围。确定某一零件的孔的加工方法时，必须根据零件的结构特点（包括零件形状、大小及其复杂程度，孔的尺寸、精度、表面粗糙度以及形位公差等技术要求）和生产纲领等条件，比较分析并选出最优方案。

不同零件上孔的加工特点不同，比如紧固孔（螺孔、销孔等）因为数量多，加工工作量大，精度要求不高，常在钻床上加工（大型零件采用摇臂钻），如图 13-2 端盖零件上均匀分布的 6 个 $\Phi 9$ 带圆柱形的沉头孔（沉孔直径为 $\Phi 15$，深 6）即可在钻床上加工。轴类、套筒类、盘类和环类等回转体零件上的光滑孔或阶梯孔，自身有一定的精度和表面粗糙度要求，孔与外圆面的同轴度也有一定的要求，常在车床类设备上加工，并在同一次安装中同时加工外圆面和孔，或者是先加工孔，再以孔定位加工外圆面，如图 13-2 端盖零件上 $\Phi 35$ 及 $\Phi 68$ 的孔可在车床上加工。

箱体类零件上的轴承孔,尺寸较大,尺寸精度和位置精度(同轴度、平行度、垂直度等)要求较高且表面粗糙度值较小,只有在镗床上加工才能保证其技术要求。深孔(孔深与孔径之比＞5～10 mm,如机床主轴的通孔、枪炮孔等)加工条件较差,加工难度大,需采用专门的加工工艺。其他孔(比如盲孔、锥孔、成形孔等)都有各自的特点,必须采取相应的工艺措施。各种不同精度、不同表面粗糙度内圆面(孔)的加工顺序,如图13-4所示。

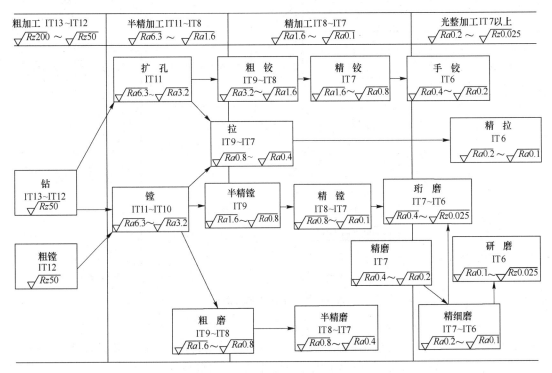

图 13-4 内圆面(孔)的加工顺序

3)平面的加工　平板类、箱体类、盘类和环类零件的主要表面为平面。平面的技术要求包括表面粗糙度和形位精度(如直线度、平行度、平面度等)。平面的加工方法应根据平面的技术要求,零件的生产类型、尺寸及结构特点决定,主要有车、刨、铣、磨、刮研等。比如单件小批生产时采用刨削,刨削生产率低,但调整简便,适用于加工狭长平面;中批生产时采用铣削,铣削生产率较高;大批量生产中加工面积不大的平面可采用拉削,拉削的精度和生产率都很高。箱体类零件及回转体零件的端面采用车削或镗削,可以在一次安装中同时加工出内、外圆面及平面,既节省了辅助工时又易于保证相互之间的位置精度。平面的精加工,大多数采用磨削或刮研(形状简单批量大时用磨削,形状复杂批量小时用刮研)。平面的精加工也可以用宽刨刀精刨代替刮研或导轨磨床。不同要求的平面加工顺序如图13-5所示。

4)成形面的加工目的　成形面分为回转体成形面、立体成形面和直线成形面三种。现代机器生产中应用成形面的目的:

① 在零件质量最小的情况下,使零件得到所要求的强度(比如根据等强度理论设计的涡轮机叶片,由于不同截面受力情况不一样,各处截面形状均不相同)。

② 提高零件传递能量效率(比如螺旋桨、机翼等都是根据流体力学原理设计计算的)。

③ 使零件在机器中按一定规律传递运动(比如自动机床凸轮)。

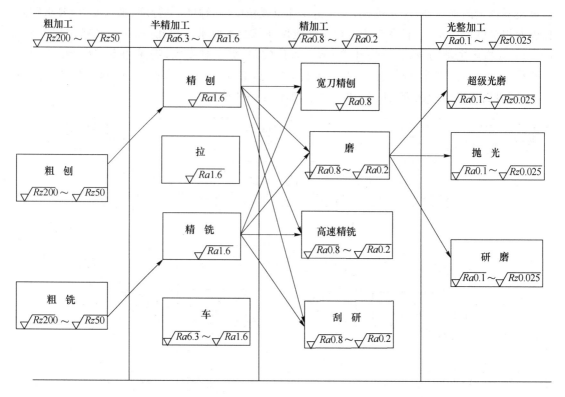

图 13-5 平面的加工顺序

④ 使零件既实用又美观(比如摇把、手轮等)。

成形面的加工方法 现代机械制造技术,可以采用精密铸造、冷冲压、热模锻、粉末冶金等很少用无切削工艺加工成形面,但由于成形面尺寸精度、位置精度要求很高,表面粗糙度值很小,所以成形面加工常用的还是各种切削加工方法。切削加工成形面比较复杂,主要方法如下:

① 按画线加工,在通用机床上完全靠人工操纵,使刀具(或工件)按画线运动加工成形面。这种方法劳动强度大,加工精度和生产率取决于工人技术水平,质量差且不稳定,适用于单件小批生产。

② 用靠模装置加工,在通用机床上附加靠模装置,使刀具相对于工件作特定的运动加工成形面。这种方法需增加靠模装置,广泛应用于成批生产。

③ 用成形刀具加工,这种方法生产率最高也最简单,但成形刀具(成形车刀、成形刨刀、成形拉刀、成形铣刀和成形砂轮等)属于专用刀具,需要专门设计制造,技术复杂、生产周期长、成本高,适用于大批量生产。此外,成形刀具还受到被加工零件成形面形状和尺寸的限制,只能用于形状简单、尺寸较小的成形面。

④ 采用专用或仿形机床加工,生产率高,质量稳定,但设备投资大,只适用于大批量生产。

⑤ 采用数控机床加工,对形状极复杂、精度要求很高且批量小的成形表面零件,具有明显的优越性。在中小批生产中应用数控技术,具有很大的技术经济意义。

⑥ 特种加工技术,适用于高强度、高硬度、高韧性等各种新型材料,其加工精度和生产率很高,但设备损失大。

各基本表面的加工方法和顺序,必须依据经济精度和经济表面粗糙度而定。若以牺牲工时和费用作为代价的话,许多加工方法都能达到高的精度和小的表面粗糙度,但以降低生产率和提高成本换取的高质量是不经济的做法。相同工件采用某种加工方法,随着加工条件的改变,也可以获得几种不同的加工精度和表面粗糙度。不同的加工方法,有不同的经济精度和经济表面粗糙度,在实际工作中可查阅有关手册。

在确定主要加工表面的加工方法时,还必须根据本厂、本车间设备条件、工人技术水平、现有工艺装备、起重运输能力等客观条件全面考虑,既要保证质量,又要经济合理并切实可行。

(2) 确定精基准面

精基准面的确定与主要加工表面及加工方法密切相关。比如回转体零件的外圆面和内圆面就属于主要加工表面,加工方法多采用车削和磨削。设计基准和定位基准都选择回转中心线,这样的选择符合基准重合及基准单一化原则。以中心线为定位基准有二种情况:一是实心轴类零件,应确定两端面的中心孔为精基准面;二是盘类或空心轴类零件,应确定外圆或内圆表面为精基准面,且要遵守互为基准的原则。箱体类零件的主要加工表面为各轴承孔及箱体在整机中的安装定位面。各轴承孔的设计基准为其中某一个重要轴承孔,镗削时,应该选择该重要轴承孔为精基准面;对箱体上其他表面及所有孔在箱体上的位置来说,一般都以箱体的定位安装平面为设计基准,因此这个面也应确定为精基准面。

4. 拟定工艺路线

把零件各加工表面加工的先后顺序按工序排列出来,称为拟定加工工艺路线。拟定时要从以下方面考虑:

(1) 划分加工阶段

当零件表面加工质量要求比较高时,为保证精度,零件的工艺过程一般分阶段进行。

1) 粗加工阶段　此阶段要求以最快的速度,切除大部分加工余量,使毛坯在形状和尺寸上尽可能接近零件成品。所以要尽量选择大的切削深度和进给量,并留有足够的加工余量,为半精加工提供精基准。

2) 半精加工阶段　此阶段要求达到一定的精度要求,保留合适的精加工余量,为主要表面精加工做好技术准备,并完成次要表面的最后加工,消除主要表面粗加工留下的误差。

3) 精加工阶段　此阶段要求去除半精加工留下的加工余量,使工件各主要表面达到图纸规定的质量要求。

4) 光整加工　此阶段能降低表面粗糙度,提高零件的表面质量。通常对精度要求高的零件,需安排光整加工阶段。光整加工切除的金属层极薄,不需专门预留加工余量,所以不改变零件的尺寸及形位精度。

一般来说,粗加工阶段应选择功率大、刚性好、精度低的机床;半精加工及精加工阶段因为切削力小、工作负荷轻、机床精度稳定性好、易维护,宜选用高精度机床。为充分发挥现有设备潜力,提高机床利用效率,部分从半精加工退役的旧机床可用作粗加工。

(2) 工序的集中和分散

工艺路线可划分为若干工序,同一个工件同样的加工内容,也可以有两种不同形式的工艺规程:一种是工序的集中,另一种是工序分散,工序的集中和工序分散各有特点。

1) 工序集中　工序集中指每个工序中负担的工艺内容多,总的工序数量少,夹具数目及工件的安装次数少,特点如下:

① 工件在一次安装中可加工多个表面,安装次数少。技术上容易保证各加工表面的相互位置精度;经济上可节省大量的辅助工时,提高生产率。

② 机床设备数量、生产面积和操作工人少,工序数目少,加工工艺路线短,生产计划和管理工作简单,生产成本低。

③ 工序间运输量少,生产周期短,零件运输过程中碰伤次数少。

④ 有利于采用高效专用机床和专用工艺装备(如多刀多刃、数控机床、加工中心等)提高生产率。但设备投资和生产技术准备工作量增加,生产准备周期延长。设备操作调整维修费时,对工人技术水平要求高。

⑤ 大量运用复合工步,各工步切削用量的选择须照顾全局,因而不可能处于最佳状态。

2) 工序分散　工序分散是将工艺路线中的工步内容分散在更多的工序中完成,每道工序工步少,工艺路线长,特点如下:

① 机床设备和操作工人数量多,生产面积大,工序数目多,加工工艺路线长,生产计划和管理工作复杂。

② 工序间运输量大,辅助工时、运输设备及费用增加,零件碰伤机会增加,零件质量下降。

③ 设备及工艺装备结构简单,调整、维修方便,对工人技术要求低,易实现产品的更新换代。

④ 可以选用最佳切削用量,充分发挥设备潜力,提高生产率。

在实际生产中,究竟采用工序集中还是工序分散,应根据现有设备条件、生产类型、工人技术水平及零件的具体情况和技术要求综合考虑,确保产品质量并提高经济效益。一般来说,在大批量生产中,为采用高效专用设备,宜用工序集中。但对产品改型频繁的大批量生产,为适应产品更新的需要,宜用工序分散。

工序的集中和分散,必须从实际出发,并结合当前及未来的发展趋势。建立在高度自动化基础上的工序集中,是长期提高生产率的根本途径,也是机械工业的发展方向。

(3) 安排切削加工顺序

切削加工顺序即工序的排列次序。切削加工顺序安排的合理与否,对保证零件加工质量,降低零件成本有重要作用,安排原则如下:

① 先基准后其他　用作定位基准的表面先加工,并以此基准面定位加工后续工序及其他表面。

② 先粗后精　先安排各表面粗加工(粗加工能及时发现砂眼、裂纹等毛坯缺陷),防止不合格毛坯继续加工而造成浪费;其次安排半精加工,最后安排主要表面精加工和光整加工。次要表面一般安排在粗、半精加工后完成。对与主要表面相对位置关系密切的表面,可安排在主要表面精加工后进行。

③ 先主后次　先加工零件的装配基面及主要工作面。对次要表面的加工,比如非工作面、键槽、紧固用的光孔和螺孔等,一般稍后进行,也可穿插在主要表面加工工序之间。但必须安排在主要表面最后精加工前进行,以免加工次要表面时划伤或碰坏精加工过的表面。

④ 先面后孔　对箱体、支架、连杆等零件,其平面轮廓尺寸大,定位稳定可靠。宜选择平面作为定位精基准面,先加工平面再加工孔,以利于保证孔的精度。

(4) 安排热处理工序

根据零件图的技术要求或切削加工的需要,工件加工中需要适当安排热处理工序。热处理指退火、正火、时效、淬火、调质、回火及各种表面处理等。按照热处理目的的不同,上述热处理工艺大致分为预先热处理和最终热处理。

① 预先热处理　含退火、正火、时效、调质等,这类热处理的目的是改善切削性能,消除内应力并为最终热处理作组织准备,其工序位置多安排在粗加工前后。

② 最终热处理　含各种淬火、回火及各种表面处理等。这类热处理的目的是提高零件表层硬度和耐磨性,常安排在精加工前后。

正确合理安排热处理工序,能充分挖掘金属材料在工艺和使用性能方面的潜力,使之加工方便并满足零件的各项技术要求,还能节约材料、减轻机器质量、延长零件使用寿命。

(5) 安排辅助工序

辅助工序指工件的检验、去毛刺、清洗、探伤、涂漆、试验以及精密表面的包扎保护(防止在后续工序中碰伤)等。

① 检验工序　检验工序分成品检验和工序检验,成品检验安排在最后。工序检验必须分步安排,粗加工后安排重要精基准面及对后续工序有影响的重要尺寸检验;半精加工后安排已加工的非重要表面终检,以减轻最后成品检验的工作量。

② 探伤工序　含磁力探伤、萤光检验、着色检验等,主要用于探查零件表面或表层微裂纹,一般安排在精加工之后。超声波检验要求被检测零件表面粗糙度为 $Ra6.8 \sim Ra1.6$,一般安排在粗加工之后或半精加工之前进行。

③ 表面装饰工序　含表面装饰镀层、涂层,发黑和发蓝处理、精密包轧等,主要起防护作用。一般安排在机加工完成后进行。

其他如去毛刺、锐边倒角、去磁、清洗及动平衡等都是不可缺少的辅助工序,必要时宜适当安排。一条完整的加工工艺路线,是把零件各加工表面按加工先后顺序,并穿插必要的热处理及辅助工序,以工序号为序排列起来的。

5. 确定各工序的加工余量计算工序尺寸

(1) 加工余量的概念

为了得到合格零件,从毛坯表面切除的金属层厚度称为加工余量。加工余量分总加工余量和工序余量。毛坯尺寸与零件设计尺寸的差值称为总加工余量。每一工序所切除的金属层厚度称为工序余量,工序余量等于该工序所有走刀次数切削深度总和。总加工余量与工序余量之间的关系可用下式表示

$$e_0 = e_1 + e_2 + \cdots + e_n = \sum_{i=1}^{n} e_i \tag{13-1}$$

式中:e_0 为总加工余量;e_i 为工序余量,e_1 为第一道粗加工工序的加工余量,它与毛坯的制造精度有关;n 为机械加工的工序数目。

工序余量也可定义为相邻两工序基本尺寸之差。工序余量分单边余量和双边余量,沿垂直于加工表面方向量取。零件非对称结构的非对称表面,加工余量是单边的,可表示为

$$e_i = l_{i-1} - l_i \tag{13-2}$$

式中:e_i 为本道工序的工序余量;l_i 为本道工序的基本尺寸;l_{i-1} 为上道工序的基本尺寸。

零件对称结构的对称表面(比如轴、孔等回转体零件的表面),余量是按双面即按直径计算的,实际切除的名义厚度是其余量的一半,即双边余量,对于外圆(轴)表面余量可表示为

$$2e_i = d_{i-1} - d_i \tag{13-3}$$

式中:d_i 为本道工序的基本尺寸(直径);d_{i-1} 为上道工序的基本尺寸(直径)。

对于内圆(孔)表面余量可表示为

$$2e_i = D_{i-1} - D_i \tag{13-4}$$

式中:D_i 为本道工序的基本尺寸(直径);D_{i-1} 为上道工序的基本尺寸(直径)。

由于任何加工方法都会有误差,所以加工余量也不可能完全准确,即每道工序不可能准确地切除名义厚度,必须给每道工序的尺寸规定工序公差。工序公差过宽,加工余量过大,加工工作量增加,相应的材料、机床、刀具等各项消耗增加,成本提高。过宽的工序公差还会降低定位及加工精度。反之,加工余量和工序公差过小,会造成加工困难,工艺复杂化,加工费用增加,不容易保证加工质量,提高了废品率,成本相应提高。

确定加工余量时,先确定每道工序的工序余量,各工序余量之和等于总余量。工序余量和相应工序尺寸由加工表面最后一道工序逐步向前推算确定。推算出的工序余量和工序尺寸,再按工序的加工精度查出工序公差值,一起标注于工序简图中。图13-6(a)、(b)分别为轴加工及其加工余量示意图;图13-7(a)、(b)分别为孔加工及其加工余量示意图。

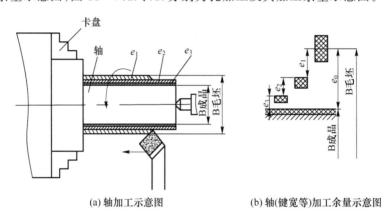

(a) 轴加工示意图　　(b) 轴(键宽等)加工余量示意图

图 13-6　轴的加工及余量

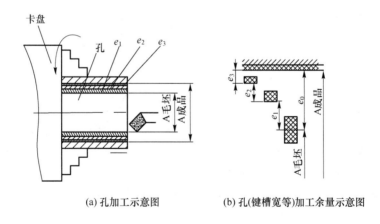

(a) 孔加工示意图　　(b) 孔(键槽宽等)加工余量示意图

图 13-7　孔的加工及余量

(2) 工序尺寸的计算

计算工序尺寸的关键是确定工序余量,要计算工序尺寸先要分析工序余量。

1) 影响工序余量的因素　每道工序应切除的工序余量大小与下列因素有关:

① 上工序的表面粗糙层(H_0)，必须在本工序切除；

② 上工序的表面破坏层(T_0)，是由于上工序的切削变形而留下的冷硬层，必须在本工序切除。①②两项如图13-8所示。光整加工的目的是切除这两部分，这两者即为工序余量，光整加工不需要专门留余量，仅靠上工序的公差带就足够了。

③ 上工序的公差带，必须包括在本工序余量内。

④ 上工序不包括在尺寸公差带之内的形位误差，如轴线的直线度、同轴度、轴线与端面的垂直度等，也属于本工序余量的一部分。比如细长轴的加工余量一般比短轴大就是因为计入了形位公差。

图13-8 表面粗糙层和表面破坏层

⑤ 本工序的安装误差，含工件在夹具中的定位、夹紧误差及夹具在机床中的安装误差，比如用三爪卡盘装夹工件外圆面时，由于三爪卡盘夹紧力不均的压移，夹紧定位后工件中心与机床主轴中心偏移了e值，致使加工表面的加工余量不均匀。需在加工表面直径方向额外增加余量$2e$。加工余量中增加的$2e$，是由于该工件在夹具中定位与夹紧两项误差综合的结果。

⑥ 热处理工序后由于产生了热变形，表面脱碳层等缺陷，应给后续工序留有较多的加工余量，如淬火后的磨削余量应比不淬火的大些。

⑦ 铸件的冷硬层、气孔、夹渣，锻件的氧化皮、脱碳、表面裂纹等毛坯表面缺陷，均属于第一道切削工序余量的部分，在后续工序中不必考虑。

2）确定工序余量的方法

① 查表修正法　根据各种工艺手册或统计经验资料，查出各工序的加工余量和毛坯余量，并结合本厂、本车间具体条件和实践经验，加以适当修正确定加工余量。这种方法方便、迅速，在实际生产中被广泛使用。

② 分析计算法　利用加工余量计算公式及试验资料，通过分析各种影响因素并综合计算方法确定加工余量。这种方法工作量很大，必须清楚掌握影响余量的各种因素，掌握必要的统计分析资料，并具有一定的测量手段。目前仅用于军工生产或少数大批量生产的工厂中。

③ 经验估算法　由一些经验丰富的工程技术人员或工人根据经验或现有生产条件，估计确定各工序加工余量的数值。用经验法确定的加工余量往往偏大，主要怕出废品的缘故。只适用于单件、小批生产中，估计简单零件的加工余量。

3）计算工序尺寸　生产上大多数的加工面，都是在工艺基准与设计基准重合的情况下加工的。基准重合下工序尺寸与公差的确定过程如下：

① 确定各加工工序的加工余量。

② 从终加工工序（即设计尺寸）开始到第二道加工工序，依次加上每道加工工序余量，分别得到各工序的基本尺寸。

③ 除终加工工序外，其他各工序按各自加工方法的加工经济精度确定工序尺寸公差。

④ 填写工序尺寸并按"入体原则"标注工序尺寸公差。

在图13-6及图13-7中，e_1、e_2、e_3分别相当于工序1、工序2、工序3的工序余量；e_0为总余量；各网格部分分别表示毛坯、工序和成品公差。以图13-6为例，最后一道工序即工序3的工序尺寸，就是成品的基本尺寸B成品，因此，

工序2的尺寸＝B成品＋e_3；

工序1的尺寸＝工序2的尺寸＋e_2；

毛坯的尺寸 B 毛坯＝工序 1 的尺寸＋e_1。

因此，总余量 $e_0 = e_1 + e_2 + e_3 = $ B 毛坯－B 成品。图 13-7 可用同理进行分析。

6. 机床、夹具、刀具、量具及辅助工具的确定

机床及工艺装备的选择，加工余量、切削用量、工时定额等的选定与计算，都是根据某一工序的具体内容确定的。

(1) 选择机床

机床选择是否合理，主要从以下几个方面考虑：

① 机床的规格、性能尺寸应与零件轮廓尺寸相适应。大零件选择大机床，小零件选择小机床。

② 机床的精度要与工序要求的加工精度相适应。精加工时选择高精度机床，粗加工时选择低精度机床。在缺少精密机床的情况下，可考虑通过机床改造来加工高精度零件，以粗干精。

③ 机床的生产率要与加工零件生产类型相适应。单件小批生产时选择通用机床，大批量生产时选择生产率高的专用机床。

④ 机床的选择应结合现有设备规格、类型、精度状况及分布等实际情况综合考虑。

(2) 选择夹具

卡盘、回转台、台虎钳等通用夹具，适用于单件、小批量生产中；为提高生产率和加工精度，应积极使用组合夹具；大批量生产中，宜选择高生产率的气、液传动的专用夹具，且夹具精度应与加工精度相适应。

(3) 选择刀具

优先选用标准刀具，可缩短刀具的制造周期，降低刀具的制造成本。必要的情况下，也可选用各种高生产率的复合刀具及专用刀具。选择刀具时，刀具的类型、规格、精度等级及耐用度等均要符合加工要求。

(4) 选择量具及辅助工具

量具的选择应从技术与经济两方面考虑，技术上应使量具的度量精度与被测尺寸精度要求相适应，被测尺寸精度要求越高，量具的度量精度也要求越高。若生产类型为单件小批量生产时，应尽量选择通用量具（如游标卡尺、百分表）。而对于大批量生产，应选用量规或高生产率的专用量具（如极限量规）。

7. 确定工序的切削用量及时间定额

(1) 确定切削用量

各工序的切削用量必须要合理而且要能满足经济及技术的要求，主要方法如下：

① 经验法　由操作工人根据操作经验自行决定切削用量。这种方法对工人的技术水平及实践经验的要求较高，只适用于单件、小批量生产。

② 查表法　从《金属切削用量手册》中查找确定，并写入工艺规程。在自动机床或自动线上加工时，切削用量由调整好的机床自动控制，不能随意更改。此法普遍应用于成批、大量生产中。

③ 试验法　对于在技术上难度较大的加工工序，通常先进行试验，由试验确定出最佳切削用量，再纳入工艺规程。此法常用来保证关键工序的技术经济效果。

(2) 制定工时定额

每一工序完成一个零件所需要的时间（分）称为工时定额。工时定额对安排生产计划、平

衡生产能力、核算成本有重要作用,同时也是企业组织劳动竞赛、管理生产的主要依据。工时定额的计算,主要根据工艺规程中规定的切削用量得出。

制定工时定额时,不能过紧也不能过松。过紧的工时定额,会挫伤工人的工作积极性,认为要完成工时定额高不可攀,给计划管理工作留的余地太少;过松的工时定额,对工人缺乏激励作用,会使得计划管理松懈,不利于提高生产力,容易造成浪费;合理的工时定额,至少应具有平均先进水平,应随着生产技术的发展而减少,但在一定的时期内是相对稳定的。一定时期内的相对稳定,有利于稳定企业生产秩序,保护工人的生产热情。工时定额由以下几部分组成:

① 基本时间($t_基$)　直接用于切削加工所花费的时间(含刀具切入、切出的空程时间)。一般按切削用量和工作量,如加工表面计算长度、加工余量等计算。这种计算方法相对科学,适用于大批量生产时工时定额的制定。当成批生产时工时,定额的制定常采用实测法,即测出具有平均先进水平的工人完成某工序所花的时间。

② 辅助时间($t_辅$)　指完成装卸工件、开停机床、调整切削用量、检测工件尺寸、进刀和退刀等动作所需要的操作时间,一般根据经验或实测决定。

③ 服务时间($t_服$)　在工作班内,工人照管工作地、保持正常工作状态所花费的时间。比如换刀磨刀、机床调整、机床润滑、机床擦试及清除切屑等。计算公式为

$$t_服 = 1\% \sim 5\%(t_基 + t_辅) \tag{13-5}$$

④ 自然时间($t_自$)　用于照顾工人休息和生理需要的时间,一般按 $t_自 = 2\%(t_基 + t_辅)$ 计算。

工时定额一般由以上四项组成,计算公式为

$$T_单 = t_基 + t_辅 + t_服 + t_自 \tag{13-6}$$

当生产规模为成批量生产时,工时定额的计算还需要加上准备终结时间($t_准$),该时间指在生产某批零件开始和终了时,研究、分析图纸及工艺文件,领取毛坯和量具,安装刀具和夹具,调整机床,拆除和归还工艺装备,发送成品等所花费的时间。若该批产品批量为 N,则每个零件应分摊的准备终结时间为 $t_准/N$。此时的工时定额为

$$T_单 = t_基 + t_辅 + t_服 + t_自 + t_准/N \tag{13-7}$$

当生产规模为大量生产时,分摊到每个零件的准备终结时间极小,确定工时定额时,可以忽略不计。

13.3　工艺文件

13.3.1　工艺文件的概念

将反复研究确定好的工艺方案,逐项填入具有一定格式的卡片,经过一定的审查和批准手续后,就成了企业生产准备和施工依据的工艺文件。

13.3.2　工艺文件的格式

在我国,各企业生产中使用的工艺文件不尽一致,其具体内容和格式尚无统一的国家标准,但基本内容是相同的,常用的有以下几种。

1. 工艺过程综合卡片

这种卡片列出了整个零件加工经过的工艺路线(包括毛坯、机械加工和热处理)及工序内

容、车间设备、工艺装备、工人技术等级、时间定额等。它是制订其他工艺文件的基础,也是生产技术准备、编制作业计划和组织生产的依据,其格式如表13-1所列。

表 13-1 机械加工工艺综合过程卡片

工厂名	机械加工工艺过程综合卡片	产品名称及型号		零件名称		零件图号			
		材料	名 称	毛坯	种 类	零件质量/kg	毛	第 页	
			牌 号		尺 寸		净	共 页	
			性 能	每料件数		每台件数		每批件数	
工序号	工序内容			加工车间	设备名称及编号	工艺装备名称及编号		技术等级	时间定额/min
						夹具	刀具	量具		单件	准备-终结
更改内容											
编制		抄写			校对		审核			批准	

2. 机械加工工艺卡片

以工序为单位,详细说明整个零件加工工艺过程的文件。它不仅标出工序顺序、工步内容、切削用量、设备、工装、工人技术等级、工时定额等,同时列出零件的工艺特性(材料、质量、加工表面及精度和表面粗糙度)、毛坯性质和生产纲领,其格式如表13-2所列。

表 13-2 机械加工工艺卡片

工厂名	机械加工工艺卡片	产品名称及型号		零件名称		零件图号			
		材料	名 称	毛坯	种 类	零件质量/kg	毛	第 页	
			牌 号		尺 寸		净	共 页	
			性 能	每料件数		每台件数		每批件数	
工序	安装	工步	工序内容	同时加工零件数	切削用量				设备名称及编号	工艺装备名称及编号	技术等级	工时定额/min
					背吃刀量/mm	切削速度 m/min	转速 r/min 或双行程/min	进给量 mm/r 或 mm/min		夹具	刀具	量具		单件	准备-终结
更改内容															
编制		抄写			校对			审核				批准			

3. 机械加工工序卡片

在工艺卡片基础上为每个工序编制的内容详细具体的卡片称为工序卡片。这种卡片详细记载了零件各工序加工所必须的工艺资料,如定位基准、安装方法、机床、工艺装备、工序尺寸及公差、工时定额及切削用量等,是用来指导工人生产的工艺文件,也为操作文件,其格式如表13-3所列。

表13-3　机械加工工序卡片

工厂名	机械加工工序卡片	产品名称及型号	零件名称	零件图号	工序名称	工序号	第　页
							共　页
(此处画工序简图)			车　间	工　段	材料名称	材料牌号	力学性能
			同时加工件数	每料件数	技术等级	单件时间/min	准备时间终结时间/min
			设备名称	设备编号	夹具名称	夹具编号	工作液
			更改内容				

工步号	工步内容	计算数据/mm			走程次数	切削用量			工时定额/min		刀具量具及辅助工具			
		直径或长度	进给长度	单边余量		背吃刀量/mm	进给量 mm/r 或 mm/min	转速/(r/min) 或双行程数	基本时间	辅助时间	工作地点服务时间	工步号	名称	规格	编号	数量

| 编制 | | 抄写 | | 校对 | | 审核 | | 批准 | |

4. 检查卡片

为重要零件的关键工序编制的卡片称为检查卡片,是专供检验员使用的工艺文件。检查卡片中要列出检查项目、检查用具和检查方法并注明技术条件,其格式如表13-4所列。

表13-4　检查卡片

厂　名		质量检查卡片		编　号		第　页		共　页	
产品型号				零件名称			零件号		
顺序	检查部位		技术条件	检查用具		工时定额	工人等级	检查方法及略图	
	名称	尺寸		名称	编号				
制定		日期		审核		日期		批准		日期		同意		日期

13.3.3 工艺文件的应用

当生产规模为单件、小批量生产时,只要编写简单的机械加工工艺过程综合卡片,并对其中个别关键零件或复杂零件制定工艺卡片;当生产规模为中等批量生产时,要编制工艺过程卡片和工艺卡片,其中重要零件要增加工序卡片和检查卡片;当生产规模为大批量生产时,要求全面编制完整而详细的工艺文件:包括工艺过程卡片、工艺卡片、工序卡片、检查卡片以及某些工序的调整卡片。

除此外以,当采用六角车床、自动或半自动机床以及齿轮加工机床时,机床需要经过复杂的调整工序,有时采用调整卡片代替工序卡片。调整卡片的格式随机床的不同而不同,它是一种指导调整工人和操作工人的工艺文件。对于探伤、去磁、抛光、动平衡、喷漆、包装等辅助工序,一般不必制定工艺规程,只需要制定一个统一的操作守则,作为通用性的工艺文件给操作人员使用。

13.4 典型零件的工艺过程

13.4.1 轴类零件

轴类零件的主要作用是传递回转运动和扭矩。轴类零件的主要表面包括外圆面、端面、内圆面及其他表面(比如键槽、退刀槽、砂轮越程槽、螺纹等)。根据外形不同,轴类零件分为直轴和曲轴,目前工业生产中应用最广的是直轴,直轴大多数为阶梯轴。轴类零件的加工方法主要是车削和磨削,其次是铣键槽、钻孔等。

下面以图 13-9 所示传动轴为例,说明轴类零件单件小批生产时的加工过程。

1. 分析技术要求

传动轴一般由支承轴颈、工作轴颈、过渡轴颈等几部分组成。其中,支承轴颈装配在轴承孔中,配合精度、表面粗糙度要求均较高,属于重要表面;工作轴颈上一般装配有齿轮、带轮等零件,并开有键槽,配合精度和表面粗糙度要求也较高,属于重要表面;过渡轴颈一般精度要求较低,属于一般表面。

2. 毛坯选择

图 13-9 所示传动轴材料为 45 钢,淬火硬度 HRC35~HRC40。零件外形尺寸相差较小,单件小批生产,选择 $\Phi50$ 热轧圆钢作毛坯。

3. 工艺分析及基准选择

图 13-9 所示传动轴三个外圆面都是配合表面,$\Phi45$ 外圆面装传动齿轮,二个 $\Phi30$ 的外圆面装滚动轴承,滚动轴承轴颈精度要求较高、表面粗糙度值小,中间轴颈相对于两端轴颈轴线有一定的同轴度要求,中间轴颈左端面相对两端轴颈轴线有垂直度要求,所以三个表面都属于轴的重要加工面。为满足尺寸精度、表面粗糙度和位置精度要求,根据单件小批量生产的条件,采用粗车—半精车—磨的加工顺序。

基准选择:以圆钢外圆面作为粗基准,粗车轴两端端面并钻中心孔;为保证各外圆面的位置精度,选择轴两端中心孔为定位精基准,这样既符合基准重合和单一化原则,也利于提高生产率。为保证精加工时的定位精度,热处理后需要修研中心孔。

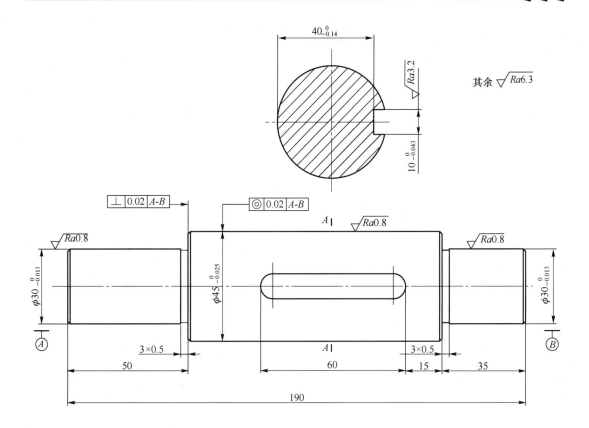

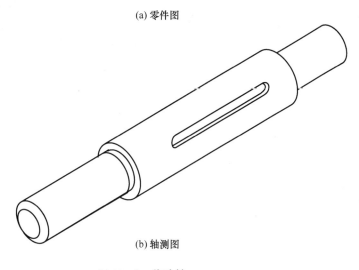

技术要求
(1) 全部倒角1×45°
(2) HRC35～40

(a) 零件图

(b) 轴测图

图 13-9 传动轴

4．工艺过程

某厂单件小批生产图 13-9 传动轴的工艺过程如表 13-5 所列。

表 13－5　单件小批生产轴的工艺过程

工序号	工种	工序内容	定位基准	加工简图
1	车	45 圆钢下料 $\Phi 50 \times 192$		
2	热	正　火		
3	车	(1) 车端面至 190，钻中心孔 (2) 粗车一端外圆分别至 $\Phi 47 \times 144, \Phi 32 \times 35$ (3) 半精车该端外圆分别至 $\Phi 45.4_{-0.1}^{0} \times 145$，$\Phi 30.4_{-0.1}^{0} \times 35$ (4) 切槽 3×0.5 (5) 倒角 $1 \times 45°$ (6) 粗车另一端外圆至 $\Phi 32 \times 49$ (7) 半精车该端外圆分别至 $\Phi 30.4_{-0.1}^{0} \times 50$ (8) 切槽 3×0.5 (9) 倒角 $1 \times 45°$	圆钢外圆面中心孔	
4	铣	粗—精铣键槽至 $10_{-0.043}^{0} \times 40_{-0.14}^{0} \times 60$	中心孔	
5	热	淬火、回火 HRC35～HRC40		
6	钳	修研中心孔		
7	磨	(1) 粗磨一端外至 $\Phi 45.06_{-0.04}^{0}$，$\Phi 30.06_{-0.04}^{0}$ (2) 精磨该端外圆至 $\Phi 45_{-0.025}^{0}$，$\Phi 30_{-0.013}^{0}$ (3) 粗精磨另一端外圆至 $\Phi 30_{-0.013}^{0}$	中心孔	
8	检	按零件图纸要求，检测零件		

注："⌒"符号指定位基准

13.4.2 盘类零件

盘类零件主要由外圆面和内圆面组成,径向尺寸大于轴向尺寸(如法兰盘)。一般情况下,法兰盘还有尺寸较大的圆形或其他形状的底板,底板上大多具有均匀分布的孔。除此以外,某些盘类零件上还有销孔、螺孔等结构。现以图 13-10 所示法兰端盖为例,说明盘类零件的加工过程。

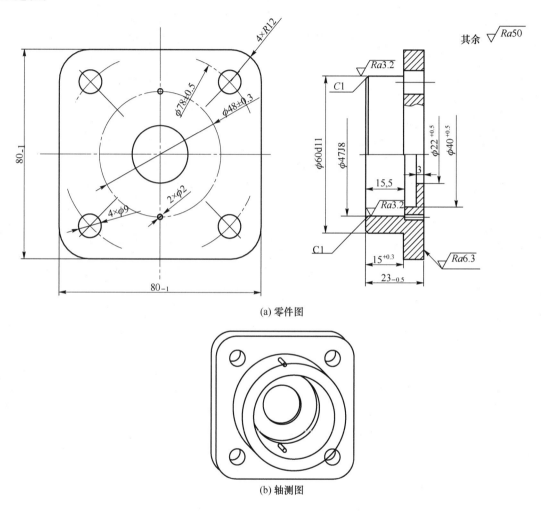

图 13-10 法兰端盖

1. 分析技术要求

盘类零件的技术要求包括:内孔表面尺寸精度、外圆表面尺寸精度、内孔与外圆表面同轴度要求、端面对基准轴线的垂直度(或端面圆跳动)要求、主要表面粗糙度要求等。图 13-10 所示法兰端盖由外圆面和正方形底板组成,底板上有四个均布孔 $\Phi 9$。$\Phi 60$ 外圆面为基孔制配合的轴,基本偏差为 d,公差等级为 IT11;$\Phi 47$ 内孔为基轴制配合的孔,其基本偏差为 J,公差等级为 IT8;二者的表面粗糙度为 $Ra3.2$;底板 $80_{-1} \times 80_{-1}$ 的精度可直接由铸件保证。

2. 选择毛坯

法兰盘类零件毛坯一般为铸铁。某些重要盘类零件材料采用中低碳钢,毛坯为锻件。图 13-10 所示的法兰端盖零件材料为 HT18～HT36。

3. 工艺分析

由图 13-10 所示法兰端盖零件图纸可知,该零件精度要求较低,采用普通加工工艺可达到。法兰端盖毛坯采取整体铸造,这样可保证外圆面的轴线与正方形底板中心的相对位置不会在造型时产生偏差。为达到零件设计要求的精度和表面粗糙度,采用粗车—半精车加工。加工时,先以 $\Phi60$ 的毛坯面作为粗基准加工正方形底板的底平面;再以该底平面和正方形底板的侧面为定位基准,采用四爪卡盘定位夹紧,在一次安装中按工序集中原则,把所有外圆面、内圆面、端面加工出来,使之符合基准单一化原则。$4\times\Phi9$ 的孔和 $2\times\Phi2$ 的孔以 $\Phi60$ 外圆面为基准画线,按画线找正钻孔。

4. 工艺过程

在单件小批生产条件下,法兰端盖的加工工艺过程按表 13-6 进行。

表 13-6 单件小批生产法兰盘机械加工工艺过程

工序号	工种	工序内容	定位基准	加工简图
1	铸	铸造毛坯、清砂、检验,尺寸如右加工简图所示		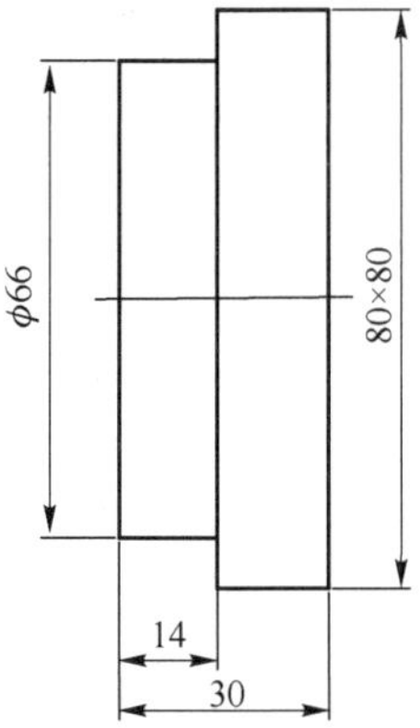
2	热	去应力退火		
3	车	(1) 车 80×80 底平面,保证总长尺寸 26	小端外圆毛坯面 底平面和正方形底板侧面	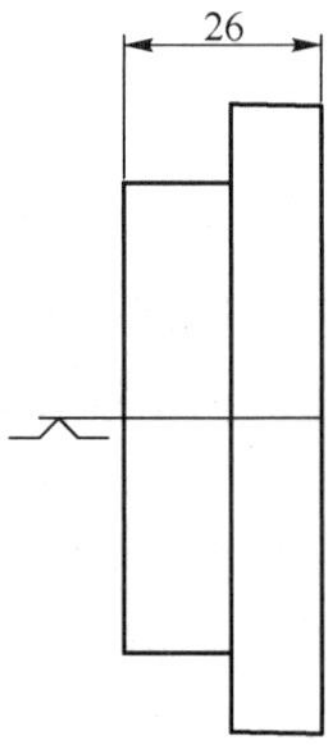

续表 13-6

工序号	工种	工序内容	定位基准	加工简图
3	车	(2) 车 $\Phi60$ 端面,保证尺寸 $23_{-0.5}$; 车 $\Phi60d11$ 外圆面、80×80 底板上端面,保证尺寸 $15^{+0.3}$ (3) 钻 $\Phi20$ 通孔 (4) 镗 $\Phi20$ 孔至 $\Phi22^{+0.5}$ (5) 镗 $\Phi22^{+0.5}$ 孔至 $\Phi40^{+0.5}$,保证尺寸 3 (6) 镗 $\Phi40^{+0.5}$ 至 $\Phi47J8$,保证尺寸 $15.5^{+0.24}$ (7) 倒角 C1	小端外圆毛坯面 底平面和正方形底板侧面	
4	钳	画 $4\times\Phi9$ 及 $2\times\Phi2$ 孔加工线	画 线	
5	钻	按画线找正安装,钻 $4\times\Phi9$ 及 $2\times\Phi2$ 小孔		
6	检	按图纸要求,检测零件		
			注:"⊥"符号指定位基准	

练习思考题

13-1 简述工艺规程的根本目的、二重性及要求。

13-2 简述零件的基本形状分类。

13-3 如何正确拟定零件的机械加工工艺路线。

13-4 如何确定工序的切削用量。

13-5 什么是工时定额?如何合理制订工时定额。

13-6 什么是工艺文件?工艺文件的基本格式有哪些。

13-7 轴类零件的主要作用是什么?有何结构特点。

第14章　工艺规程的经济分析

14.1　机械加工的经济性

技术和经济是机械加工中不可缺少的两部分。好的技术方案，不仅需要技术方面的评价，同时也需要从经济效益方面进行评价。

机械加工的经济性是指机械产品的加工方案，是结合现有生产条件，能使产品在保证其使用要求的前提下，制造成本最低。一般产品的制造成本指的是全部消耗的费用总和，它包含毛坯或原材料的费用，生产工人工资，机床设备的折旧和调整费用，工具、夹具、量具的折旧和维修费用、车间经费和企业管理费用等。

除毛坯成本外，每个零件切削加工的费用可用下式计算，即

$$C_w = t_w \cdot M + \frac{t_m}{T} C_t = (t_m + t_c + t_o) \cdot M + \frac{t_m}{T} C_t \tag{14-1}$$

式中：C_w 为每个零件的切削加工费用。t_w 为机床上加工一个零件所需要的时间，该时间等于加工一个零件所需要的切削时间 t_m、辅助时间 t_c 及其他时间 t_o 之和。M 为单位时间分担的全厂开支，含人工工资、设备和工具的折旧及管理费用等。T 为刀具耐用度（刀具寿命）。C_t 为刀具刃磨一次的费用。

机械零件切削加工的成本分刀具成本和工时成本两部分，受 t_w 及刀具耐用度的影响。要想降低机械零件的切削加工成本，必须设法节约全厂开支、降低刀具成本，减少 t_w（t_m、t_c、t_o），并保证一定的刀具耐用度。

切削加工最优的技术经济效果是在可能的条件下，以最低的成本高效率地加工出质量合格的零件。优化技术经济效果，需要涉及诸多因素。

14.2　机械加工的技术经济指标

14.2.1　技术经济指标

从生产资源利用情况、产品质量等方面反映生产技术水平的各项指标称为技术经济指标。由于各企业生产技术特点的不同，用来考核企业技术经济的指标也不相同。企业各项技术经济指标完成的好坏，直接或间接地影响着产品成本。从技术领域分析成本，弄清影响企业内部成本升降的各项生产技术因素，改进不合理工艺及操作，是解决企业内部技术与经济脱节、降低企业产品成本的根本问题。

14.2.2　工业技术经济指标

以反映工业生产中技术水平和经济效果为主要内容的指标称为工业技术经济指标。它从

实物形态反映企业对设备、原材料、能源、劳动力资源的利用程度和结果,以及产品工作质量状况。为深入分析资源配置效益及其合理性,进一步挖掘工业再生产过程中资源配置的潜力提供决策依据。

鉴于工业生产情况的复杂性,反映工业生产技术水平和经济效果的指标可归纳为:工业主要产品质量指标,单位产品原材料、燃料、动力消耗指标,单位产品产量综合能源消耗指标,工业实物劳动生产率指标,设备利用情况指标及其他技术经济指标等六类。

1. 产品质量及工作质量指标

产品质量及工作质量指标含工业产品合格率、废品率、返修率、机械加工件综合废品率。

(1) 工业产品合格率

指合格品数量占全部产品数量(含次品、废品)的百分比,即

$$工业产品合格率(\%) = \frac{合格品数量}{合格品数量 + 次品数量 + 废品数量} \times 100\% \qquad (14-2)$$

(2) 废品率

指废品数量占全部产品数量(含合格品、次品)的百分比。废品不是产品,废品率的高低,不能说明产品本身质量的好坏,只能反映企业生产的工作质量,即

$$废品率(\%) = \frac{废品数量}{合格品数量 + 次品数量 + 废品数量} \times 100\% \qquad (14-3)$$

(3) 返修率

指出厂前经检验需返修的成品数量占全部送检产品数量的百分比,即

$$返修率(\%) = \frac{返修品数量}{全部送检产品数量} \times 100\% \qquad (14-4)$$

(4) 综合废品率

指企业报告期内,机械加工生产中全部废品工时占全部机加工工时的比例数。该指标能全面反映企业全部机械加工工时损失的情况,是考核机械加工工艺技术水平和管理工作质量的综合指标之一,即

$$综合废品率(\%) = \frac{废品工时}{合格品工时 + 废品工时} \times 100\% \qquad (14-5)$$

合格品工时,指报告期内机加工车间所完成的机加工件合格品工时,不含机加工车间非机加工件和非机加工工艺工时(如画线、热处理、电焊等),但应扣除报告期内在外车间发现属于机加工车间责任的废品工时。

废品工时,指机加工车间责任废品工时(本车间生产工艺、运输、保管等原因造成的废品数量)、料废品工时(原材料、燃料材质问题产生的废品数量)和其他废品工时(检验、设计、运输、保管等部门造成的非属本车间责任的废品数量)等。

计算机加工废品率时应注意:

① 合格品工时和废品工时均按定额工时计算,不能采用件数;

② 机加工废品工时,指直接废品工时和间接废品工时,从填报废品的第一道工序算起,至发生报废工序的全部机加工废品工时。如果工序尚未完成,可按实用工时统计。

(5) 热处理废品率

企业生产的全部热处理零、部件中,废品所占的比例数。该指标反映了企业热处理的工艺技术水平以及工作质量,即

$$热处理件废品率(\%) = \frac{废品质量(t)}{合格品质量(t) + 废品质量(t)} \times 100\% \qquad (14-6)$$

2. 产品单耗

生产单位产品平均实际消耗的原材料、能源数量称为单位产品原材料、能源消耗量,简称"单耗",即

$$产品单耗 = \frac{生产某种产品的某种原材料(能源)消耗总量}{某种合格产品产量} \qquad (14-7)$$

3. 工业实物劳动生产率

指平均每个生产工人(或平均每个职工)在单位时间内生产的产品数量。该项指标能够反映劳动效率的实际水平,并为制定劳动定额、劳动计划提供依据。实物劳动生产率依不同人员范围指标计算,有以下两种形式,即

$$全员实物劳动生产率 = \frac{报告期产品生产量}{报告期全部职工平均人数} \qquad (14-8)$$

$$工人实物劳动生产率 = \frac{报告期产品生产量}{报告期工业生产工人平均人数} \qquad (14-9)$$

14.3 工艺方案的技术经济分析

一个零件的加工工艺过程,可以拟定出几种不同的工艺方案,这些方案一般都能满足零件所要求的精度、表面质量及其他技术要求,但它们的经济性不尽相同,必须进行比较分析,选择一个在给定生产条件下,最为经济有利,且能保证生产成本最低的最佳方案。该方案能在保证产品质量的前提下,用较短的时间、较少的劳动消耗,实现产品的工艺过程。评价工艺方案优劣最重要的两个经济指标是:高效率、低成本。

工艺方案的技术经济分析,根据加工零件的属性不同,评定方式不同。对于一般零件,可直接通过各种技术经济指标,比如每台机床的年产量——T/台(或件/台)、每个生产工人的年产量——T/人(或件/人)、单位生产面积的年产量——T/m²(或件/平方米)、材料利用率、设备负荷率、工艺装备系数等,结合实际生产经验,对不同工艺方案进行技术经济论证,优选出在给定生产条件下经济合理的工艺方案;对于生产纲领较大的主要零件,应通过计算,比较不同工艺方案的生产成本,优选出生产成本最低的工艺方案。

零件(或机器)的实际生产成本是制造该零件(或机器)所需要的一切费用的总和,生产成本中,大约有70%~75%的费用与工艺过程有关。因此,在对工艺方案进行技术经济分析时,只须分析与工艺过程直接有关的生产费用——工艺成本。至于其他的费用(与完成工艺过程无关,但与整个车间全部生产条件有关的费用),如行政后勤人员开支、厂房折旧和维修费、取暖照明费、运输费等可以认为相等而略去。工艺方案技术经济分析的目的,就是对不同工艺方案的工艺成本进行计算和比较,从中选出技术上先进、经济上合理的切实可行的工艺方案。

14.3.1 工艺成本的计算

工艺成本按照与年产量的关系分为两部分:第一部分是与年产量直接相关,随年产量的增减而成比例变化的费用,称为可变费用(或经常费用),如原材料费、生产工人工资、机床电费、通用机床修理和折旧费、通用夹具修理和折旧费、刀具费等。第二部分是与年产量变化无直接

关系的费用,如当年产量在一定范围内变化时,全年费用基本保持不变,称为不变费用(或一次费用),如调整工人工资、专用机床修理和折旧费、专用夹具修理和折旧费等。

1. 单件产品可变费用(V 的单位:元/件)

V 用公式表示为

$$V = C_y + C_{gz} + C_{jd} + C_{Tx} + C_{Tz} + C_{Tj} + C_{dj} \qquad (14-10)$$

式中:C_y 为原材料费;C_{gz} 为生产工人工资;C_{jd} 为机床电费;C_{Tx} 为通用机床修理费;C_{Tz} 为通用机床折旧费;C_{Tj} 为通用夹具修理和折旧费;C_{dj} 为刀具费。

2. 年不变费用(S 的单位:元/年)

S 用公式表示为

$$S = C_{zx} + C_{zz} + C_{Tg} + C_{zj} \qquad (14-11)$$

式中:C_{zx} 为专用机床修理费;C_{zz} 为专用机床折旧费;C_{Tg} 为调整工人工资;C_{zj} 为专用夹具修理和折旧费。

3. 计算工艺成本(C_n 的单位:元/年)

C_n 工艺方案的年工艺成本为

$$C_n = VN + S \qquad (14-12)$$

式中:V 为工艺成本中单件产品的可变费用(元/件);N 为工艺方案的产品年产量(件/年);S 为工艺成本中的年不变费用(元/年)。

工艺方案的年工艺成本 C_n 与产品年产量 N 的关系如图 14-1 所示。

图 14-1 中水平方向的虚线与纵坐标轴相交于点 S,交点 S 为工艺方案的工艺成本中年不变费用,它与年产量的大小无关。α 角的正切值 $\tan \alpha$ 为工艺成本中单件产品可变费用 V。V 值越大,年工艺成本函数的曲线斜率越大。

工艺方案中单件产品工艺成本 C_d 可用下式计算,即

$$C_d = V + S/N \qquad (14-13)$$

因不变费用 S 是按全年计算,故分摊到每个产品时,需以年产量 N 除之。

工艺方案的单件产品工艺成本 C_d 与产品年产量 N 的关系如图 14-2 所示。

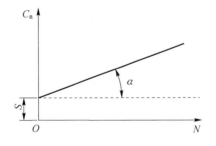

图 14-1 年工艺成本与年产量的关系

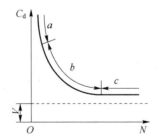

图 14-2 单件产品工艺成本与年产量的关系

由图 14-2 可见,单件产品工艺成本 C_d 与产品年产量 N 是双曲线关系。当 N 增加时,C_d 下降,单件产品工艺成本曲线趋近于 V 值。图中 a 部分曲线表示当年产量有微小变化(ΔN)时,单件产品工艺成本将有很大变化(ΔC_d)。原因是单件小批量生产时采用专用设备,负荷率低,产品年产量变化对单件产品工艺成本的影响很大。图中 c 部分曲线逐渐趋近于水平,说明即使产品年产量变化很大,对单件产品工艺成本的影响却很小。这段相当于采用专用设备进

行大批量生产时产品年产量对单件产品工艺成本的影响,当某一工艺方案的不变费用 S(专用设备费用)确定后,必须有与此设备生产能力相适应的年产量,若年产量小于设备生产能力,由于 S/N 比值增大,单件产品工艺成本增加,此时采用这种方案很不经济。相反,若年产量超过设备生产能力很多,则 S/N 比值很小,表明可以采用生产效率更高、投资更大的设备,从而使单件产品可变费用 V 相对减少,获得更好的经济效果。图中 b 部分曲线,相对于中批量生产时产品年产量对单件产品工艺成本的影响情况。

14.3.2 工艺方案的技术经济分析方法

工艺方案的技术经济分析有两种方法:
① 工艺成本降低额(或工艺成本节约额);
② 追加投资回收期。
评价的方法有数学分析法和图解法。

1. 工艺成本降低额——两个工艺方案的比较选优

(1) 数学分析法

比较两个工艺方案的工艺成本降低额(ΔC_n)可用下式计算,即

$$C_{n1} = NV_1 + S_1 \qquad (14-14)$$
$$C_{n2} = NV_2 + S_2 \qquad (14-15)$$
$$\Delta C_n = C_{n1} - C_{n2} = N(V_1 - V_2) + (S_1 - S_2) \qquad (14-16)$$

式中:C_{n1}、C_{n2} 为工艺方案Ⅰ与Ⅱ的年工艺成本(元/年);V_1、V_2 为工艺方案Ⅰ与Ⅱ的工艺成本中单件产品的可变费用(元/件);S_1、S_2 为工艺方案Ⅰ与Ⅱ的工艺成本中的年不变费用(元/年)。

当年产量 N 一定时,若 $\Delta C_n > 0$,则工艺方案Ⅱ优于Ⅰ;相反,则工艺方案Ⅰ优于工艺方案Ⅱ。

(2) 图解法

比较两个工艺方案的工艺成本降低额,也可用图解法求得,即在同一坐标系中分别画出两个工艺方案的年工艺成本函数图像:$C_{n1} = NV_1 + S_1$ 和 $C_{n2} = NV_2 + S_2$,如图 14-3 所示。

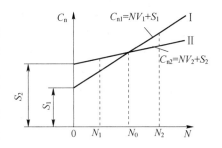

图 14-3 两个工艺方案的比较选优

图 14-3 中两条直线分别代表两个工艺方案的年工艺成本与产品年产量的关系。对应同一年产量的年工艺成本差额,就是两个工艺方案的工艺成本对比的降低额或超支额。所以,工艺方案的优劣与产品年产量有着密切的关系。

当年产量为 N_1 时,工艺方案Ⅱ与工艺方案Ⅰ的年工艺成本差额为

$$\Delta C_{n1} = C_{n2} - C_{n1} = N_1(V_2 - V_1) + (S_2 - S_1) > 0$$

即工艺方案Ⅱ比工艺方案Ⅰ超支 ΔC_{n1}(元/年),工艺方案Ⅰ优于工艺方案Ⅱ。

当年产量为 N_2 时,工艺方案Ⅰ与工艺方案Ⅱ的年工艺成本差额为

$$\Delta C_{n2} = C_{n1} - C_{n2} = N_2(V_1 - V_2) + (S_1 - S_2) > 0$$

即工艺方案Ⅰ比工艺方案Ⅱ超支 ΔC_{n2}(元/年),工艺方案Ⅱ优于工艺方案Ⅰ。

分析表明:工艺方案的优劣是相对的,不是绝对的。工艺方案不变而产品年产量发生较大变化时,它们的优劣将随之发生变化。

当年产量为 N_0 时,工艺方案 Ⅰ 与工艺方案 Ⅱ 的年工艺成本图线相交,即 $C_{n1}=C_{n2}$ 或 $N_0V_1+S_1=N_0V_2+S_2$。此时,我们称 N_0 为对比工艺方案的临界年产量,也可称为工艺方案 Ⅰ 的最大经济年产量或工艺方案 Ⅱ 的最小经济年产量。

当为两个工艺方案比较优选时:$N_0=(S_2-S_1)/(V_1-V_2)$。

当年产量 $N>N_0$ 时,采用工艺方案 Ⅱ 的工艺成本低;当年产量 $N<N_0$ 时,工艺方案 Ⅰ 较工艺方案 Ⅱ 的工艺成本低。所以,当年产量确定后,这两个工艺方案的技术经济效果就十分明显了,即年产量 $N<N_0$ 时为工艺方案 Ⅰ 的合理产量范围;年产量 $N>N_0$ 时为工艺方案 Ⅱ 的合理年产量范围。

2. 三个及以上工艺方案的比较优选

(1) 数学分析法

该法必须在年产量一定的条件下才能比较选优,即在一定年产量的情况下,将各工艺方案的年工艺成本和单件产品工艺成本分别计算,选取其中工艺成本最低的工艺方案,计算公式如下:

$$C_{ni} = NV_i + S_i \qquad (14-17)$$

$$C_{di} = V_i + S_i/N \qquad (14-18)$$

式中:C_{ni} 为第 i 个工艺方案年工艺成本(元/年);C_{di} 为第 i 个工艺方案单件产品工艺成本(元/件);V_i 为第 i 个工艺方案工艺成本中单件产品的可变费用(元/件);S_i 为第 i 个工艺方案的工艺成本中的年不变费用(元/年);N 为产品的计划年产量(件/年)。

(2) 图解法

画出各工艺方案的年工艺成本与年产量的关系曲线,找出各工艺方案的相对经济年产量或合理年产量范围,并求出在相应年产量下的工艺成本节约额。

作图方法如下:以三个可比工艺方案为例,横坐标表示工艺方案年产量 N,纵坐标表示工艺方案年工艺成本 C_n 和单件产品工艺成本 C_d。年工艺成本中年不变费用 S 由小到大的次序编号为 $S_1<S_2<S_3$,作出工艺成本与年产量关系的直线和曲线组。其中各直线为各工艺方案的年工艺成本,各直线与纵坐标轴的交点分别为 S_1、S_2、S_3,斜率为相应各年工艺成本中单件产品的可变费用 V_1、V_2、V_3。各曲线则分别为相应工艺方案的单件产品工艺成本。由于 S_1、S_2、S_3 和 V_1、V_2、V_3 具体数值不同,将形成相应的若干种工艺成本与年产量关系的直线组和曲线组,如图 14-4～图 14-10 所示。

各图中 Ⅰ、Ⅱ、Ⅲ 表示三个工艺方案的年工艺成本 C_n 的直线;Ⅰ′、Ⅱ′、Ⅲ′ 表示三个工艺方案的单件产品工艺成本 C_d 的曲线。

① 当单件产品可变费用之间的关系为 $V_1>V_2=V_3$ 时,三个可比工艺方案的年工艺成本如图 14-4 所示。

由图可见,若计划年产量 $N<N_{ⅠⅡ}$ 时,为获得最大的工艺成本节约额,应选工艺方案 Ⅰ;计划年产量 $N \geqslant N_{ⅠⅡ}$ 时,则工艺方案 Ⅱ 为最优。

图中 $N_{ⅠⅢ}$ 为工艺方案 Ⅰ 的最大经济年产量,同时又是工艺

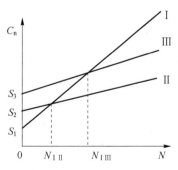

图 14-4 $V_1>V_2=V_3$

方案Ⅱ的最小经济年产量，$N_{IⅢ}$为工艺方案Ⅲ的最小经济年产量。在工艺方案Ⅱ和Ⅲ与工艺方案Ⅰ比较时，应选其中最小经济年产量小的工艺方案，这样才能获得最大的工艺成本节约额。

② 当单件产品可变费用之间的关系变为$V_1>V_2>V_3$时，由于V_1、V_2、V_3具体数值的差异，三个工艺成本函数的图像之间的交点即临界年产量是不同的，如图 14-5(a)、(b)、(c)所示。

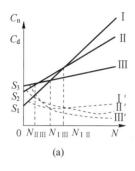 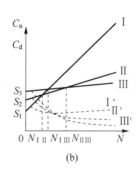 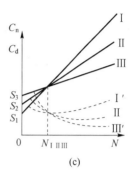

(a)　　　　　　　　　　(b)　　　　　　　　　　(c)

图 14-5　$V_1>V_2>V_3$

图 14-5(a)，临界年产量为$N_{ⅡⅢ}<N_{IⅢ}<N_{IⅡ}$，当年产量$N<N_{IⅢ}$时，工艺方案Ⅰ的工艺成本最低；年产量$N>N_{IⅢ}$时，工艺方案Ⅲ最佳。

图 14-5(b)，临界年产量的关系为$N_{IⅡ}<N_{IⅢ}<N_{ⅡⅢ}$，当年产量$N<N_{IⅡ}$时，采用工艺方案Ⅰ的技术经济效果最好；年产量$N>N_{ⅡⅢ}$时，则应选用工艺方案Ⅲ，年产量$N_{IⅡ}<N<N_{ⅡⅢ}$时，工艺方案Ⅱ最优。

图 14-5(c)，三个工艺方案的工艺成本图像交于一点，也就是三个临界年产量相同，当年产量$N<N_{IⅡⅢ}$时，工艺方案Ⅰ最佳；年产量$N>N_{IⅡⅢ}$时，工艺方案Ⅲ最佳。

③ 当单件产品可变费用之间的关系为$V_1>V_3>V_2$时（见图 14-6），年产量$N<N_{IⅡ}$时，工艺方案Ⅰ最好；年产量$N>N_{IⅡ}$时，工艺方案Ⅱ的成本最低。

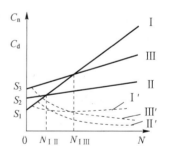

图 14-6　$V_1>V_3>V_2$

三个可比工艺方案的单件产品可变费用之间的关系，还有如下四种情况，可采用上述分析方法，根据年产量的变化，优选最佳工艺方案。

④ $V_2>V_1>V_3$，如图 14-7 所示；
⑤ $V_2>V_3>V_1$，如图 14-8 所示；
⑥ $V_3>V_1>V_2$，如图 14-9 所示；
⑦ $V_3>V_2>V_1$，如图 14-10 所示。

3. 追加投资回收期

当零件（或机器）的年产量较大，或者出现先进的加工工艺和技术时，工艺方案面临两种选择，一是追加投资，采用价格昂贵、生产效率高的专用机床和工艺装备，致使投资的不变费用S_1较大，但年工艺成本C_{n1}较低；另一个方案采用现有的、或是价格便宜、生产效率低的机床和工艺装备，S_2较小，但C_{n2}较高。这时要对比的两个投资费用差额较大的工艺方案，只比较其年工艺成本难以全面评价两个工艺方案的经济性，必须同时考虑其投资差额的回收期。

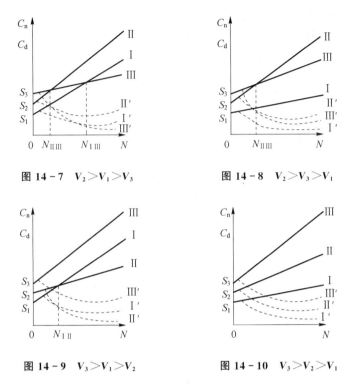

图 14-7 $V_2 > V_1 > V_3$

图 14-8 $V_2 > V_3 > V_1$

图 14-9 $V_3 > V_1 > V_2$

图 14-10 $V_3 > V_2 > V_1$

回收期是指两个工艺方案的投资差额(也称追加投资),需要多长时间以年工艺成本降低额补偿回来。

追加投资回收期用下式计算,即

$$\tau = \frac{S_1 - S_2}{C_{n2} - C_{n1}} = \frac{\Delta S}{\Delta C_n} = \frac{投资差额}{年工艺成本降低额} \quad (14-19)$$

式中:τ 为回收期(年);ΔS 为投资差额(元);ΔC_n 为年工艺成本节约额(元/年)。

回收期越短,技术经济效果越好。同时,回收期计算还须满足下列要求:

① 符合国家规定的标准回收期;

② 小于所采用机床及工艺装备的使用年限;

③ 小于产品的稳定生产年限。

最后还需指出,上述技术经济分析的目的是进行方案比较,优选最佳工艺方案,并非产品成本的精确计算,故各方案中的相同工序可不计入,只需计算各工艺方案成本的相对值。

练习思考题

14-1 何谓零件的生产成本?包含哪些费用?

14-2 什么是工艺成本?它由哪两类费用组成?单件工艺成本与年产量的关系如何?

14-3 怎样对工艺方案进行技术经济分析?

14-4 什么是追加投资回收期?确定追加投资回收期要满足哪些条件?

14-5 以下为三个工艺方案的工艺成本数据,试分别作出年工艺成本与年产量的关系示意图,其中年产量 N 的最大值为 2 000(件/年),并根据计划生产年产量的变化,选择最佳工艺方案。

(1) 单件产品可变费用 V_1 为 10 元/件,年不变费用 S_1 为 20 000 元/年;

(2) 单件产品可变费用 V_2 为 5 元/件,年不变费用 S_2 为 30 000 元/年;

(3) 单件产品可变费用 V_3 为 15 元/件,年不变费用 S_3 为 10 000 元/年。

参考文献

[1] 丁树模,刘跃南. 机械工程学[M]. 北京:机械工业出版社,2005.
[2] 阎守礼,王桂珍. 机械基础[M]. 北京:北京理工大学出版社,1995.
[3] 梁燕飞,潘尚峰,王景先. 机械基础[M]. 北京:清华大学出版社,2005.
[4] 李茹. 机械工程基础[M]. 西安:西安电子科技大学出版社,2004.
[5] 祁红志. 机械制造基础[M]. 北京:电子工业出版社,2005.
[6] 王运炎. 金属材料与热处理[M]. 北京:机械工业出版社,1991.
[7] 邓文英. 金属工艺学[M]. 北京:高等教育出版社,2000.
[8] 王茂元. 金属切削加工方法与设备[M]. 北京:高等教育出版社,2003.
[9] 吴林禅. 金属切削原理与刀具[M]. 北京:机械工业出版社,2003.
[10] 王先逵. 机械加工工艺规程制定[M]. 北京:机械工业出版社,2008.
[11] 乔峰丽,郑江. 机械设计基础[M]. 北京:电子工业出版社,2010.
[12] 杨可桢,程光蕴. 机械设计基础[M]. 北京:高等教育出版社,1999.
[13] 沈卓殷,立君. 机械基础与液压传动[M]. 北京:北京理工大学出版社,2010.
[14] 王以伦. 液压传动[M]. 哈尔滨:哈尔滨工程大学9出版社,2005.
[15] 孙成通. 液压传动[M]. 北京:化学工业出版社,2005.
[16] 时彦林. 液压传动[M]. 北京:化学工业出版社,2006.
[17] 容一鸣,陈传艳. 液压传动[M]. 北京:化学工业出版社,2009.
[18] 许贤良,王传礼. 液压传动[M]. 北京:国防工业出版社,2006.
[19] 丁树模,丁问司. 液压传动[M]. 北京:机械工业出版社,2009.
[20] 曹玉平,阎祥安. 液压传动与控制[M]. 天津:天津大学出版社,2009.
[21] 章宏甲. 金属切削机床液压传动[M]. 南京:江苏科技出版社,1981.
[22] 方佳雨,张国柱. 煤矿机械液压传动[M]. 北京:煤炭工业出版社,1987.
[23] 张恩泽. 机械基础[M]. 北京:化学工业出版社,2004.
[24] 周家泽. 机械基础[M]. 西安:西安电子科技大学出版社,2004.
[25] 于维平. 机械基础[M]. 北京:北京航空航天大学出版社,2004.
[26] 王贵斗. 金属材料与热处理[M]. 北京:机械工业出版社,2008.
[27] 刘德力. 金属材料与热处理[M]. 北京:科学技术出版社,2009.